算法精粹

经典计算机科学问题的Python实现

Classic Computer Science Problems in Python

[美]大卫·科帕克（David Kopec）著
戴旭 译

人民邮电出版社
北京

图书在版编目（CIP）数据

算法精粹 : 经典计算机科学问题的Python实现 / (美) 大卫·科帕克 (David Kopec) 著 ; 戴旭译. -- 北京 : 人民邮电出版社, 2020.7(2024.1重印)
书名原文: Classic Computer Science Problems in Python
ISBN 978-7-115-53512-2

Ⅰ. ①算… Ⅱ. ①大… ②戴… Ⅲ. ①软件工具—程序设计 Ⅳ. ①TP311.561

中国版本图书馆CIP数据核字(2020)第043213号

版权声明

◆ 著 [美] 大卫·科帕克（David Kopec）
译 戴 旭
责任编辑 杨海玲
责任印制 王 郁 焦志炜

◆ 人民邮电出版社出版发行 北京市丰台区成寿寺路 11 号
邮编 100164 电子邮件 315@ptpress.com.cn
网址 https://www.ptpress.com.cn
三河市君旺印务有限公司印刷

◆ 开本：800×1000 1/16
印张：14.5 2020 年 7 月第 1 版
字数：307 千字 2024 年 1 月河北第11次印刷
著作权合同登记号 图字：01-2019-8026 号

定价：59.00 元

读者服务热线：(010)81055410 印装质量热线：(010)81055316
反盗版热线：(010)81055315
广告经营许可证：京东市监广登字 20170147 号

内容提要

本书是一本面向中高级程序员的算法教程，借助Python语言，用经典的算法、编码技术和原理来求解计算机科学的一些经典问题。全书共9章，不仅介绍了递归、结果缓存和位操作等基本编程组件，还讲述了常见的搜索算法、常见的图算法、神经网络、遗传算法、*k*均值聚类算法、对抗搜索算法等，运用了类型提示等Python高级特性，并通过各级方案、示例和习题展开具体实践。

本书将计算机科学与应用程序、数据、性能等现实问题深度关联，定位独特，示例经典，适合有一定编程经验的中高级Python程序员提升用Python解决实际问题的技术、编程和应用能力。

谨以本书献给我的祖母 Erminia Antos，她执教一生，学习一世。

引言

感谢购买本书。Python 是世界上最流行的编程语言之一，成为 Python 程序员的人具备各种不同的知识背景。有些人接受过正规的计算机科学教育，有些人学习 Python 只是出于兴趣爱好，还有一些人在专业场景中使用 Python 但他们的主要工作不是软件开发。本书算是一本中级教程，经验丰富的程序员在学习 Python 语言的一些高级特性时，本书中的问题将帮助他们在计算机科学方面温故而知新。通过用自己选择的 Python 语言学习经典的计算机问题，自学成才的程序员将加速他们的计算机科学学习进程。本书涵盖了多种多样的问题解决技术，因此确实能让所有人都有所收获。

本书不是 Python 的入门书籍。Manning 和其他出版社都出版了很多优秀的入门书[①]。本书假定读者已是一名中高级 Python 程序员。虽然本书需要用到 Python 3.7，但并不要求掌握最新版 Python 的所有特点。其实在构建本书内容时，我就假定本书能作为学习材料来使用，以便帮助读者掌握这些特点。也就是说，本书不适合对 Python 完全陌生的读者。

选择 Python 的理由

Python 广泛应用于各种行业中，如数据科学、电影制作、计算机科学教学、IT 管理等。还真没有哪个计算领域是 Python 没有涉及的（或许内核开发除外）。Python 因其灵活性、优美而简洁的语法、纯粹的面向对象特性和活跃的社区而备受青睐。强大的社区非常重要，因为这表示 Python 欢迎新手的加入，也说明有庞大的现成库生态系统可供开发人员利用。

正是出于以上原因，Python 有时被认为是一种适合初学者的语言，或许的确如此吧。例如，大多数人都同意 Python 比 C++更容易学习，而且几乎可以肯定，Python 的社区对新人更加友善。于是，许多人因为 Python 平易近人而学习它，他们相当迅速地着手编写所需的程序。

① 如果是刚开始接触 Python，在开始阅读本书之前不妨先看看 Naomi Ceder 的《Python 快速入门（第 3 版）》。

但他们可能从未接受过计算机科学方面的教育，而这方面的教育可以教给他们当前所有强大的问题解决技术。如果你是一位了解 Python 但不熟悉计算机科学的程序员，那么本书正是为你准备的。

还有一部分人长期从事软件开发工作，他们将 Python 作为第 2、3、4、5 种语言来学习。对他们而言，在另一种语言中遇到过的老问题将有助于他们提高学习 Python 的速度，本书也许可作为他们求职面试前不错的复习资料，或者会揭示出一些以前工作中没有想过的问题解决技术。建议这些人先浏览一下目录，看看本书中是否有令他们兴奋的主题。

什么是经典计算机科学问题

有人说计算机之于计算机科学，如同望远镜之于天文学一样。假如真是这样，那么编程语言也许就如同望远镜的镜头。不管怎么说，本书所用的“经典计算机科学问题”一词，指的是“通常在本科计算机科学课程中教授的编程问题”。

新手程序员总会遇到一些编程问题需要解决，这些问题已非常常见，堪称经典。无论是在攻读计算机科学、软件工程等学士学位的课堂上，还是在中级编程教材中（如人工智能或算法的入门书），均是如此。本书精选了一些这样的问题。

这些问题可以简单到只用几行代码就能解决，也可以复杂到需要通过多个章节的讲解来逐步搭建一个系统。有些问题涉及人工智能，而另一些问题则只需要常识就可以解决。有些问题比较贴近实际，而另一些问题则需要想象力。

本书中的问题种类

第 1 章介绍多数读者大概都熟悉的问题解决技术，诸如递归、结果缓存（memoization）和位操作之类的后续章节探讨的其他技术所需的基本构件。

第 2 章的重点是搜索问题。搜索是一个庞大的议题，可以说本书中的大部分问题都能归属于它。这一章介绍了最重要的搜索算法，包括二分搜索、深度优先搜索、广度优先搜索和 A*搜索。本书的其余部分都会反复用到这些算法。

第 3 章将搭建一个用于解决多类问题的框架，这些问题可以由带约束的有限域变量进行抽象化定义，包括八皇后问题、澳大利亚地图着色问题和算式谜题“SEND+MORE=MONEY”等经典问题。

第 4 章探讨图的算法，外行人将对这些图算法的应用范围之广表示惊叹。本章将构建图的数据结构，然后用它来解决几个经典的优化问题。

第 5 章探讨遗传算法，它的确定性尚不如本书的其他大部分算法，但有时可以用它解决那些用传统算法在合理时间内无法找到解的问题。

第 6 章介绍 k 均值聚类算法，这可能是本书最专注于某一算法的章节了。这种聚类技术易于实现、简单易懂且应用广泛。

第 7 章旨在解释什么是神经网络，让读者见识一个十分简单的神经网络。这一章的目标并非要全面介绍这一激动人心且不断发展的领域。本章将遵循第一性原理从头开始搭建神经网络，不用任何外部库，因此读者可以真正了解神经网络的工作原理。

第 8 章介绍双人全信息对奕游戏中的对抗搜索算法。本章将介绍一种极小化极大搜索算法，可用于开发一个会玩国际象棋、跳棋和四子棋等游戏的仿真棋手。

最后是第 9 章，介绍几个有趣好玩儿的问题，这些问题放在本书的其他地方都不太合适。

本书的目标读者

本书既适合经验丰富的程序员，也适合中级程序员。想要对 Python 加深认识的经验丰富的程序员将能从计算机科学或编程课程中轻松发现熟悉的问题。中级程序员则会被引领着用 Python 语言来解决这些经典问题。准备参加编程面试的开发人员也可能会发现本书是一份有用的准备材料。

除专业的程序员之外，对 Python 感兴趣的计算机科学专业本科在校生可能也会觉得本书很有用处。本书并没有严肃地讲解数据结构和算法。*这不是一本数据结构和算法的教材*。这里既没有证明过程，也没有多少大 O 符号。本书的定位是通俗易懂、便于实践的教程，目标是介绍问题解决技术，这些技术应该是学习数据结构、算法和人工智能课程之后的成果。

再次强调一下，本书假定读者已具备了 Python 语法和语义的知识。毫无编程经验的读者从本书中得不到什么益处，而没有 Python 经验的程序员也一定会举步维艰。换句话说，本书适合 Python 程序员和计算机科学专业的学生。

Python 版本、源代码库和类型提示

本书中的源代码遵守 Python 语言的 3.7 版的规范。代码运用到了只有 Python 3.7 才提供的 Python 特性，因此有些代码无法在低版本的 Python 中运行。请不必费力让这些示例代码在低版本的 Python 中运行了，先下载最新版的 Python 吧。

本书只会用到 Python 的标准库（第 2 章略有例外，其中安装了 `typing_extensions` 模块），因此本书的所有代码应该在所有支持 Python 的平台上（macOS、Windows、GNU/Linux 等）都能运行。虽然本书的大部分代码在其他兼容版本的 Python 3.7 解释器中可能也能运行，但它们仅在 CPython（Python 官方提供的主流 Python 解释器）中进行了测试。

本书不会介绍 Python 工具的用法，如编辑器、IDE、调试器和 Python REPL。本书中的源代码可在 GitHub 上搜索“Classic Computer Science Problems in Python”来获取。这些源代码按章放置在相应的文件夹中。在每章内容中代码清单的开头都带有源文件的名称，在代码仓库的对应文件夹中即可找到该源文件，只要输入 `python3 filename.py` 或 `python` filename.py 就应该能运行该章问题对应的代码，Python 3 解释器的名称则取决于当前计算机的环境设置。

本书的所有代码清单全都用到了 Python 类型提示（type hint）特性，也称为类型注解（type annotation）。类型提示是 Python 语言相对较新的一种特性，对从未见过它们的 Python 程序员而言，或许有点儿望而生畏。使用类型提示的原因有以下 3 点。

（1）明晰了变量、函数参数和函数返回值的类型。

（2）有了第 1 点，在某种程度上就实现了代码的自文档化（self-document）。再也不必通过搜索注释或文档字符串（docstring）来了解函数的返回类型了，只需查看其签名即可。

（3）允许对代码进行类型检查，以确保正确性。mypy 就是一种流行的 Python 类型检查程序。

并非每个人都会喜欢类型提示，坦率地说本书通篇采用这一特性就是冒险。我希望类型提示能够提供一些帮助，而不是成为一种障碍。编写带有类型提示的 Python 代码需要花费更多的时间，但是在回过头来阅读代码时会更加清晰。有意思的是，类型提示对在 Python 解释器中实际运行代码没有丝毫影响。对于本书任何代码，如果把类型提示删掉，代码应该照常运行。如果读者以前从未见过类型提示，并且在深入学习本书之前需要对其进行更全面的了解，请参阅附录 C，那里给出了一堂关于类型提示特性的速成课。

没有图形界面和 UI 代码，只用标准库

本书没有包含产生图形输出或用到图形用户界面（GUI）的示例。因为本书的目标是用尽可能简洁、可读性良好的方案来解决问题。采用图形界面通常会增加负担，或者让阐述技术或算法的解决方案显著增加复杂度。

不仅如此，由于没有用到任何 GUI 框架，本书所有代码的可移植性都非常好。无论是在 Linux 的 Python 内嵌发行版上，还是在运行 Windows 的桌面端，这些代码都可以轻松运行。而且本书特意没有采用任何外部库，而是决定只采用 Python 标准库中的程序包，大多数高级 Python 教程也是如此。因为本书的目标是遵照第一性原理讲授问题解决技术，而不是讲解“用 pip 安装某个解决方案”。只有从头开始解决每个问题，才有可能理解那些广受欢迎的库背后的工作原理。至少，只采用标准库能让本书代码具有更好的可移植性，也更容易运行。

当然图形化解决方案有时会比基于文本的解决方案更能说明算法。只是本书的重点不在于此罢了。它会多一层不必要的复杂性。

系列书之一

这是 Manning 出版的“Classic Computer Science Problems”（经典计算机科学问题）系列书的第二本，第一本是 *Classic Computer Science Problems in Swift*，已于 2018 年出版。透过几乎同样

的计算机科学问题这一“镜头”，该系列书的目标是要在教学过程中结合具体编程语言给出一定的见解。

如果你喜爱本书并打算学习该系列书涵盖的其他语言，就会发现从一本书转到另一本书是提升该语言掌握程度的一种简单方法。到目前为止，该系列书只涵盖了 Swift 语言和 Python 语言。因为我对这两种语言都有丰富的经验，所以这两本书都是我写的，但我们已经在讨论以后的系列书的出版计划了，打算由其他编程语言的专家来进行合著。如果你喜欢这本书，希望能留意该系列书。

致谢

感谢 Manning 出版社每一位为出版本书提供过帮助的人：Cheryl Weisman、Deirdre Hiam、Katie Tennant、Dottie Marsico、Janet Vail、Barbara Mirecki、Aleksandar Dragosavljević、Mary Piergies 和 Marija Tudor。

感谢策划编辑 Brian Sawyer，他在我完成 Swift 写作之后睿智地指引我转攻 Python。感谢执行编辑 Jennifer Stout，她总是正能量满满的。感谢技术编辑 Frances Buontempo，她对每一章的内容都做了细致考量，每次都给出了细致有效的反馈。感谢文字编辑 Andy Carroll 和技术校对 Juan Rufes，他们对我的 Swift 著作和本书都作了细致入微的检查，发现了我的多处错误。

以下人员也对本书进行了校阅：Al Krinker、Al Pezewski、Alan Bogusiewicz、Brian Canada、Craig Henderson、Daniel Kenney-Jung、Edmond Sesay、EwaBaranowska、Gary Barnhart、Geoff Clark、James Watson、Jeffrey Lim、Jens Christian、Bredahl Madsen、Juan Jimenez、Juan Rufes、Matt Lemke、Mayur Patil、Michael Bright、Roberto Casadei、Sam Zaydel、Thorsten Weber、Tom Jeffries 和 Will Lopez。感谢所有在本书编写过程中提供了建设性和明确意见的人。大家的反馈意见均已采纳。

感谢我的家人、朋友和同事们，正是他们在我出版了 *Classic Computer Science Problems in Swift* 之后鼓励我立即开始本书的撰写。感谢我在 Twitter 等平台上的所有线上好友，他们留下了很多鼓舞人心的话语，无论多少都对本书有所裨益。感谢我的妻子 Rebecca Kopec 和我的妈妈 Sylvia Kopec，她们始终在支持着我的写作工作。

本书在相当短的时间内就完工了。绝大部分书稿是在 2018 年夏天基于之前的 Swift 版本完成的。我很感谢 Manning 愿意压缩成书的过程（通常时间会长久许多），这能让我按照最适合自己的进度进行工作。我知道这给整个团队带来了压力，因为我们在短短几个月内就邀请了很多人在多个不同层面进行了 3 轮校阅。大多数读者都会感到惊讶，原来传统出版社会对一本技术书籍进行如此多轮不同种类的校阅，还有这么多人参与评论和修改。技术校对、文字编辑、复核编辑以及所有的官方校阅人员，我感谢你们每一个人！

最后也是最重要的，感谢购买本书的读者。这个世界充斥着制作很不走心的在线教程，我认为支持书籍的编写非常重要，书籍能把同一位作者的话语像“展开画卷”一般释放出来。在线教程或许是一流的资源，但是你的购买行为可以让完整、经过严格审阅和精心编写的书籍仍然在计算机科学教育中占有一席之地。

关于作者

大卫·科帕克（David Kopec）是香普兰学院（Champlain College）的计算机科学与创新专业助理教授，该学院位于美国佛蒙特州的伯灵顿市。他是一位经验丰富的软件开发人员，也是 *Classic Computer Science Problems in Swift* 和 *Dart for Absolute Beginners* 的作者。他拥有达特茅斯学院（Dartmouth College）的经济学学士学位和计算机科学硕士学位。

资源与支持

本书由异步社区出品，社区（https://www.epubit.com/）为您提供相关资源和后续服务。

配套资源

本书提供免费的源代码下载。要获得以上配套资源，请在异步社区本书页面中点击 配套资源 ，跳转到下载界面，按提示进行操作即可。注意：为保证购书读者的权益，该操作会给出相关提示，要求输入提取码进行验证。

如果您是教师，希望获得教学配套资源，请在社区本书页面中直接联系本书的责任编辑。

提交勘误

作者和编辑尽最大努力来确保书中内容的准确性，但难免会存在疏漏。欢迎您将发现的问题反馈给我们，帮助我们提升图书的质量。

当您发现错误时，请登录异步社区，按书名搜索，进入本书页面，点击“提交勘误”，输入勘误信息，点击“提交”按钮即可。本书的作者和编辑会对您提交的勘误进行审核，确认并接受后，您将获赠异步社区的 100 积分。积分可用于在异步社区兑换优惠券、样书或奖品。

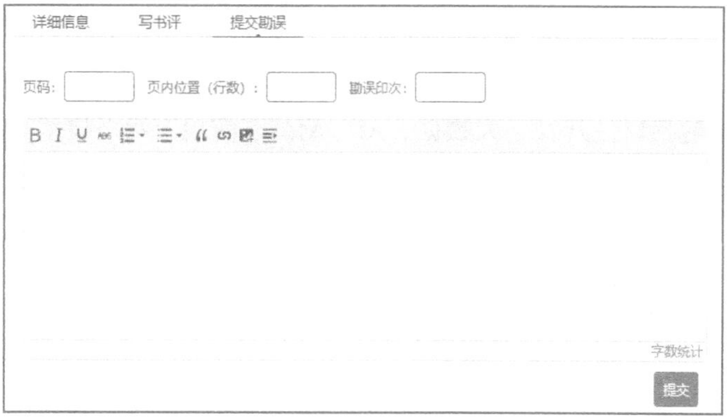

扫码关注本书

扫描下方二维码，您将会在异步社区微信服务号中看到本书信息及相关的服务提示。

与我们联系

我们的联系邮箱是 contact@epubit.com.cn。

如果您对本书有任何疑问或建议，请您发邮件给我们，并请在邮件标题中注明本书书名，以便我们更高效地做出反馈。

如果您有兴趣出版图书、录制教学视频，或者参与图书翻译、技术审校等工作，可以发邮件给我们；有意出版图书的作者也可以到异步社区在线投稿（直接访问 www.epubit.com/selfpublish/submission 即可）。

如果您来自学校、培训机构或企业，想批量购买本书或异步社区出版的其他图书，也可以发邮件给我们。

如果您在网上发现有针对异步社区出品图书的各种形式的盗版行为，包括对图书全部或部分内容的非授权传播，请您将怀疑有侵权行为的链接发邮件给我们。您的这一举动是对作者权益的保护，也是我们持续为您提供有价值的内容的动力之源。

关于异步社区和异步图书

"异步社区"是人民邮电出版社旗下 IT 专业图书社区，致力于出版精品 IT 技术图书和相关学习产品，为作译者提供优质出版服务。异步社区创办于 2015 年 8 月，提供大量精品 IT 技术图书和电子书，以及高品质技术文章和视频课程。更多详情请访问异步社区官网 https://www.epubit.com。

"异步图书"是由异步社区编辑团队策划出版的精品 IT 专业图书的品牌，依托于人民邮电出版社近 30 年的计算机图书出版积累和专业编辑团队，相关图书在封面上印有异步图书的 LOGO。异步图书的出版领域包括软件开发、大数据、AI、测试、前端、网络技术等。

异步社区

微信服务号

目录

第 1 章　几个小问题

首先来探讨一些简单的小问题，只需用几个相对短小的函数即可解决。这些问题虽然都是些小问题，但仍可以用来探讨一些有趣的问题解决技巧。就把它们当作是一次很好的热身体验吧。

1.1　斐波那契序列

斐波那契序列（Fibonacci sequence）是一系列数字，其中除第 1 个和第 2 个数字之外，其他数字都是前两个数字之和：

$$0, 1, 1, 2, 3, 5, 8, 13, 21, \cdots$$

在此序列中，第 1 个斐波那契数是 0。第 4 个斐波那契数是 2。后续任一斐波那契数 n 的值可用以下公式求得：

$$fib(n) = fib(n - 1) + fib(n - 2)$$

1.1.1　尝试第一次递归

上述计算斐波那契序列数（如图 1-1 所示）的公式是一种伪代码形式，可将其简单地转换为一个 Python 递归函数，如代码清单 1-1 和代码清单 1-2 所示。所谓递归函数是一种调用自己的函数。这次机械的转换将作为你编写函数的首次尝试，返回的是斐波那契序列中的给定数。

代码清单 1-1　fib1.py

```
def fib1(n: int) -> int:
    return fib1(n - 1) + fib1(n - 2)
```

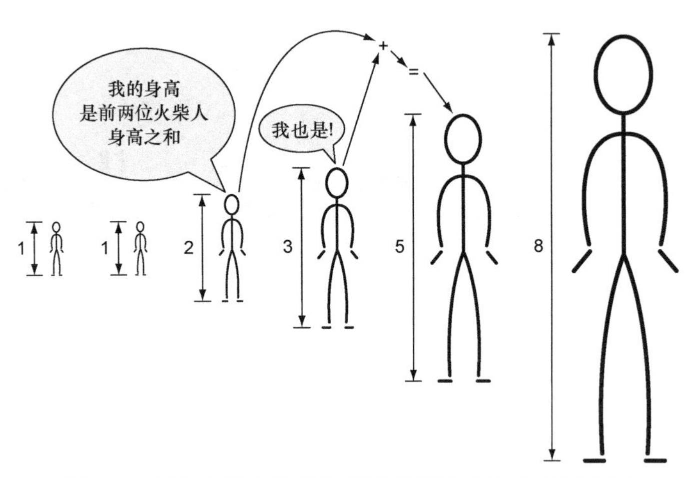

图 1-1 每个火柴人的身高都是前两个火柴人身高之和

下面试着带上参数值来调用这个函数。

代码清单 1-2 fib1.py（续）

```
if __name__ == "__main__":
    print(fib1(5))
```

若我们运行 fib1.py，系统就会生成一条错误消息：

```
RecursionError: maximum recursion depth exceeded
```

这里有一个问题，`fib1()`将一直运行下去，而不会返回最终结果。每次调用 `fib1()`都会再多调用两次 `fib1()`，如此反复永无止境。这种情况被称为*无限递归*（如图 1-2 所示），类似于*无限循环*（infinite loop）。

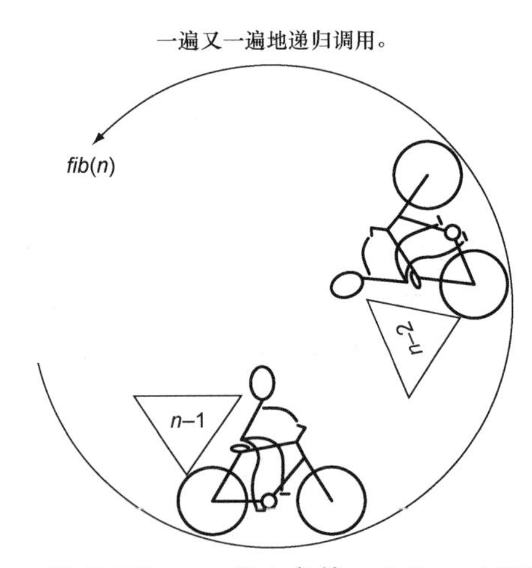

图 1-2 递归函数 *fib*(*n*)带上参数 *n*−2 和 *n*−1 调用自己

1.1.2 基线条件的运用

请注意，在运行 fib1()之前，Python 运行环境不会有任何提示有错误存在。避免无限递归由程序员负责，而不由编译器或解释器负责。出现无限递归的原因是尚未指定基线条件（base case）。在递归函数中，基线条件即函数终止运行的时点。

就斐波那契函数而言，天然存在两个基线条件，其形式就是序列最开始的两个特殊数字 0 和 1。0 和 1 都不是由序列的前两个数求和得来的，而是序列最开始的两个特殊数字。那就试着将其设为基线条件吧，具体代码如代码清单 1-3 所示。

代码清单 1-3　fib2.py

```
def fib2(n: int) -> int:
    if n < 2:  # base case
        return n
    return fib2(n - 2) + fib2(n - 1)  # recursive case
```

注意　斐波那契函数的 fib2()版本将返回 0 作为第 0 个数（fib2(0)），而不是第一个数，这正符合我们的本意。这在编程时很有意义，因为大家已经习惯了序列从第 0 个元素开始。

fib2()能被调用成功并将返回正确的结果。可以用几个较小的数试着调用一下，具体代码如代码清单 1-4 所示。

代码清单 1-4　fib2.py（续）

```
if __name__ == "__main__":
    print(fib2(5))
    print(fib2(10))
```

请勿尝试调用 fib2(50)，因为它永远不会终止运行！每次调用 fib2()都会再调用两次 fib2()，方式就是递归调用 fib2(n - 1)和 fib2(n - 2)（如图 1-3 所示）。换句话说，这种树状调用结构将呈指数级增长。例如，调用 fib2(4)将产生如下一整套调用：

```
fib2(4) -> fib2(3), fib2(2)
fib2(3) -> fib2(2), fib2(1)
fib2(2) -> fib2(1), fib2(0)
fib2(2) -> fib2(1), fib2(0)
fib2(1) -> 1
fib2(1) -> 1
fib2(1) -> 1
fib2(0) -> 0
fib2(0) -> 0
```

不妨来数一下（如果加入几次打印函数调用即可看明白），仅为了计算第 4 个元素就需要调用 9 次 `fib2()`！情况会越来越糟糕，计算第 5 个元素需要调用 15 次，计算第 10 个元素需要调用 117 次，计算第 20 个元素需要调用 21891 次。我们应该能改善这种情况。

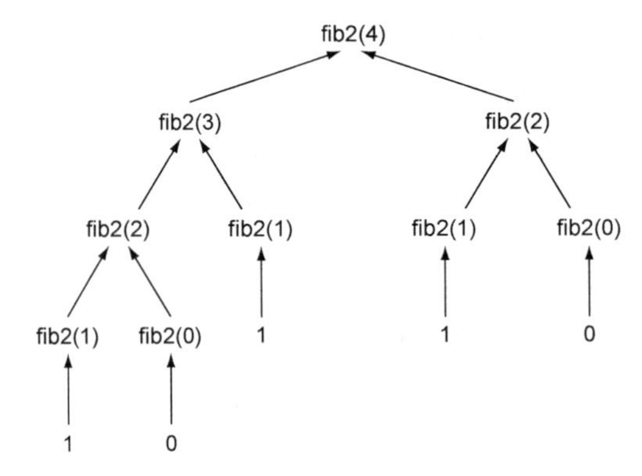

图 1-3　每次非基线条件下的 `fib2()` 调用都会再生成两次 `fib2()` 调用

1.1.3　用结果缓存来救场

结果缓存（memoization）是一种缓存技术，即在每次计算任务完成后就把结果保存起来，这样在下次需要时即可直接检索出结果，而不需要一而再再而三地重复计算（如图 1-4 所示）[①]。

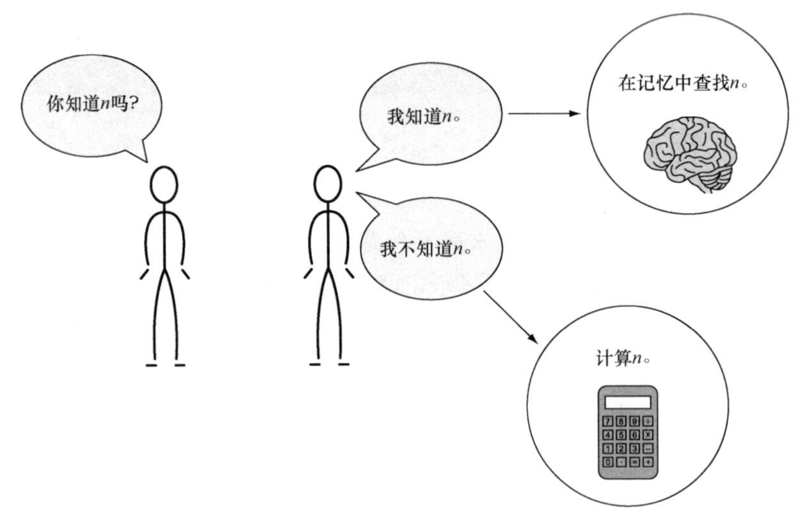

图 1-4　人类的记忆缓存

① 英国知名计算机科学家 Donald Michie 创造了 memoization 这个术语。参见 Donald Michie 的 *Memo functions: a language feature with "rote-learning" properties*（Edinburgh University，Department of Machine Intelligence and Perception，1967）。

下面创建一个新版的斐波那契函数，利用 Python 的字典对象作为结果缓存，如代码清单 1-5 所示。

代码清单 1-5 fib3.py

```
from typing import Dict
memo: Dict[int, int] = {0: 0, 1: 1}  # our base cases

def fib3(n: int) -> int:
    if n not in memo:
        memo[n] = fib3(n - 1) + fib3(n - 2)  # memoization
    return memo[n]
```

现在就可以放心地调用 `fib3(50)` 了，如代码清单 1-6 所示。

代码清单 1-6 fib3.py（续）

```
if __name__ == "__main__":
    print(fib3(5))
    print(fib3(50))
```

现在一次调用 `fib3(20)` 只会产生 39 次 `fib3()` 调用，而不会像调用 `fib2(20)` 那样产生 21891 次 `fib2()` 调用。`memo` 中预填了之前的基线条件 0 和 1，并加了一条 `if` 语句大幅降低了 `fib3()` 的计算复杂度。

1.1.4 自动化的结果缓存

还可以对 `fib3()` 做进一步的简化。Python 自带了一个内置的装饰器（decorator），可以自动为任何函数缓存结果。如代码清单 1-7 所示，在 `fib4()` 中，装饰器 `@functools.lru_cache()` 所用的代码与 `fib2()` 中所用的代码完全相同。每次用新的参数执行 `fib4()` 时，该装饰器就会把返回值缓存起来。以后再用相同的参数调用 `fib4()` 时，都会从缓存中读取该参数对应的 `fib4()` 之前的返回值并返回。

代码清单 1-7 fib4.py

```
from functools import lru_cache

@lru_cache(maxsize=None)
def fib4(n: int) -> int:  # same definition as fib2()
    if n < 2:  # base case
        return n
    return fib4(n - 2) + fib4(n - 1)  # recursive case
```

```
if __name__ == "__main__":
    print(fib4(5))
    print(fib4(50))
```

注意，虽然以上斐波那契函数体部分与 fib2()中的函数体部分相同，但能立刻计算出 fib4(50)的结果。@lru_cache 的 maxsize 属性表示对所装饰的函数最多应该缓存多少次最近的调用结果，如果将其设置为 None 就表示没有限制。

1.1.5 简洁至上的斐波那契

还有一种性能更好的做法，即可以用老式的迭代法来解决斐波那契问题，如代码清单 1-8 所示。

代码清单 1-8 fib5.py

```
def fib5(n: int) -> int:
    if n == 0: return n  # special case
    last: int = 0  # initially set to fib(0)
    next: int = 1  # initially set to fib(1)
    for _ in range(1, n):
        last, next = next, last + next
    return next


if __name__ == "__main__":
    print(fib5(5))
    print(fib5(50))
```

警告 fib5()中的 for 循环体用到了元组（tuple）解包操作，或许这有点儿过于卖弄了。有些人可能会觉得这是为了简洁而牺牲了可读性，还有些人可能会发现简洁本身就更具可读性，这里的要领就是 last 被设置为 next 的上一个值，next 被设置为 last 的上一个值加上 next 的上一个值。这样在 last 已更新而 next 未更新时，就不用创建临时变量以存储 next 的上一个值了。以这种形式使用元组解包来实现某种变量交换的做法在 Python 中十分常见。

以上方案中，for 循环体最多会运行 n-1 次。换句话说，这是效率最高的版本。为了计算第 20 个斐波那契数，这里的 for 循环体只运行了 19 次，而 fib2()则需要 21891 次递归调用。对现实世界中的应用程序而言，这种强烈的反差将会造成巨大的差异！

递归解决方案是反向求解，而迭代解决方案则是正向求解。有时递归是最直观的问题解决方案。例如，fib1()和 fib2()的函数体几乎就是原始斐波那契公式的机械式转换。然而直观的递归解决方案也可能伴随着巨大的性能损耗。请记住，能用递归方式求解的问题也都能用迭代方式来求解。

1.1.6 用生成器生成斐波那契数

到目前为止，已完成的这些函数都只能输出斐波那契序列中的单个值。如果要将到某个值之前的整个序列输出，又该怎么做呢？用 `yield` 语句很容易就能把 `fib5()` 转换为 Python 生成器。在对生成器进行迭代时，每轮迭代都会用 `yield` 语句从斐波那契序列中吐出一个值，如代码清单 1-9 所示。

代码清单 1-9 fib6.py

```
from typing import Generator

def fib6(n: int) -> Generator[int, None, None]:
    yield 0  # special case
    if n > 0: yield 1  # special case
    last: int = 0  # initially set to fib(0)
    next: int = 1  # initially set to fib(1)
    for _ in range(1, n):
        last, next = next, last + next
        yield next  # main generation step

if __name__ == "__main__":
    for i in fib6(50):
        print(i)
```

运行 fib6.py 将会打印出斐波那契序列的前 51 个数。`for` 循环 `for i in fib6(50):` 每一次迭代时，`fib6()` 都会一路运行至某条 `yield` 语句。如果直到函数的末尾也没遇到 `yield` 语句，循环就会结束迭代。

1.2 简单的压缩算法

无论是在虚拟环境还是在现实世界，节省空间往往都十分重要。空间占用越少，利用率就越高，也会更省钱。如果租用的公寓大小超过了家中人和物所需的空间，你就可以“缩”到小一点的地方去，租金也会更便宜。如果数据存储在服务器上是按字节付费的，那么或许就该压缩一下数据，以便降低存储成本。压缩就是读取数据并对其进行编码（修改格式）的操作，以便减少数据占用的空间。解压缩则是逆过程，即把数据恢复为原始格式。

既然压缩数据的存储效率更高，那么为什么不把所有数据全部压缩一遍呢？这里就存在一个在时间和空间之间进行权衡的问题。压缩一段数据并将其解压回其原始格式需要耗费一定的时间。因此，只有在数据大小优先于数据传输速度的情况下，数据压缩才有意义。考虑一下通过互联网传输的大文件，对它们进行压缩是有道理的，因为传输文件所花的时间要比收到文件后解压的时间长。此外，为了能在服务器上存储文件而对其进行压缩所花费的时间则只需算一次。

数据类型占用的二进制位数要比其内容实际需要的多，只要意识到这一点，就可以产生最简单的数据压缩方案。例如，从底层考虑一下，如果一个永远不会超过 65535 的无符号整数在内存中被存储为 64 位无符号整数，其存储效率就很低。对此的替代方案可以是存储为 16 位无符号整数，这会让该整数实际占用的空间减少 75%（64 位换成了 16 位）。如果有数百万个这样的整数的存储效率都如此低下，那么浪费的空间累计可能会达到数兆字节。

为简单起见（当然这是一个合情合理的目标），有时候开发人员在 Python 里可以不用以二进制位方式来考虑问题。Python 没有 64 位无符号整数类型，也没有 16 位无符号整数类型。这里只有一种 `int` 类型，可以存储任意精度的数值。用函数 `sys.getsizeof()` 可以查出 Python 对象占用的内存字节数。但由于 Python 对象系统的固有开销，在 Python 3.7 中无法创建少于 28 字节（224 位）的 `int` 类型。每个 `int` 类型对象每次可以扩大 1 个二进制位（本例就会如此操作），但最少也要占用 28 字节。

> **注意**　如果对二进制有点生疏，请记得每个二进制位就是一个 1 或 0 的值。以 2 为进制读出的一系列 1 和 0 就可以表示一个数。按照本节的讲解目标，不需要以 2 为进制进行任何数学运算，但需要理解某个数据类型的存储位数决定了它可以表示的不同数值的个数。例如，1 个二进制位可以表示 2 个值（0 或 1），2 个二进制位可以表示 4 个值（00、01、10、11），3 个二进制位则可以表示 8 个值，以此类推。

如果某个类型需要表示的不同值的数量少于存储二进制位可表示值的数量，或许存储效率就能得以提高。不妨考虑一下 DNA 中组成基因的核苷酸①。每个核苷酸的值只能是这 4 种之一：A、C、G 或 T（更多相关信息将会在第 2 章中介绍）。如果基因用 `str` 类型存储（`str` 可被视作 Unicode 字符的集合），那么每个核苷酸将由 1 个字符表示，每个字符通常需要 8 个二进制位的存储空间。如果采用二进制，则有 4 种可能值的类型只需要用 2 个二进制位来存储，00、01、10 和 11 就是可由 2 个二进制位表示的 4 种不同值。如果 A 赋值为 00、C 赋值为 01、G 赋值为 10、T 赋值为 11，那么一个核苷酸字符串所需的存储空间可以减少 75%（每个核苷酸从 8 个二进制位减少到 2 个二进制位）。

因此可以不把核苷酸存储为 `str` 类型，而存储为位串（bit string）类型（如图 1-5 所示）。正如其名，位串就是任意长度的一系列 1 和 0。不幸的是，Python 标准库中不包含可处理任意长度位串的现成结构体。代码清单 1-10 中的代码将把一个由 A、C、G 和 T 组成的 `str` 转换为位串，然后再转换回 `str`。位串存储在 `int` 类型中。因为 Python 中的 `int` 类型可以是任意长度，所以它可以当成任意长度的位串来使用。为了将位串类型转换回 `str` 类型，就需要实现 Python 的特殊方法 `__str__()`。

---

① 本例受到 Robert Sedgewick 和 Kevin Wayne 的《算法（第 4 版）》（第 819 页）的启发。

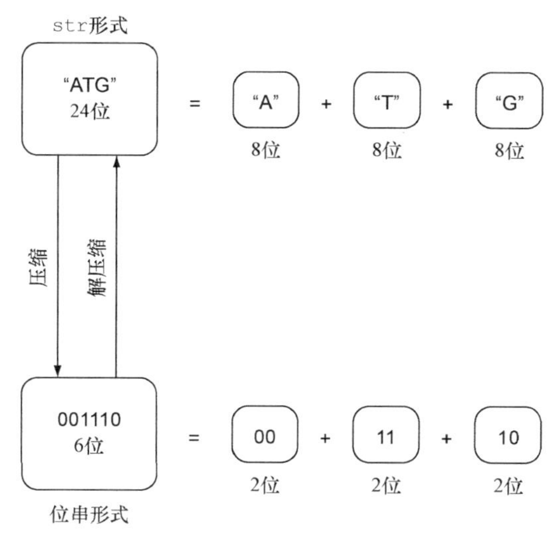

图 1-5 将代表基因的 str 压缩为每个核苷酸占 2 位的位串

代码清单 1-10 trivial_compression.py

```
class CompressedGene:
    def __init__(self, gene: str) -> None:
        self._compress(gene)
```

CompressedGene 类需要给定一个代表基因中核苷酸的 str 字符串，内部则将核苷酸序列存储为位串。__init__()方法的主要职责是用适当的数据初始化位串结构体。_init__()将调用_compress()，将给定核苷酸 str 转换成位串的苦力活实际由_compress()完成。

注意，_compress()是以下划线开头的。Python 没有真正的私有方法或变量的概念。所有变量和方法都可以通过反射访问到，Python 对它们没有严格的强制私有策略。前导下划线只是一种约定，表示类的外部不应依赖其方法的实现。这一类方法可能会发生变化，应该被视为私有方法。

提示 如果类的方法或实例变量名用两个下划线开头，Python 将会对其进行名称混淆（name mangle），通过加入盐值（salt）来改变其在实现时的名称，使其不易被其他类发现。本书用一条下划线表示“私有”变量或方法，但如果真要强调一些私有内容，或许得用两条下划线才合适。要获取有关 Python 命名的更多信息，参阅 PEP 8 中的“描述性命名风格”（Descriptive Naming Styles）部分。

下面介绍如何真正地执行压缩操作，具体代码如代码清单 1-11 所示。

代码清单 1-11　trivial_compression.py（续）

```
    def _compress(self, gene: str) -> None:
        self.bit_string: int = 1  # start with sentinel
        for nucleotide in gene.upper():
            self.bit_string <<= 2  # shift left two bits
            if nucleotide == "A":  # change last two bits to 00
                self.bit_string |= 0b00
            elif nucleotide == "C":  # change last two bits to 01
                self.bit_string |= 0b01
            elif nucleotide == "G":  # change last two bits to 10
                self.bit_string |= 0b10
            elif nucleotide == "T":  # change last two bits to 11
                self.bit_string |= 0b11
            else:
                raise ValueError("Invalid Nucleotide:{}".format(nucleotide))
```

`_compress()`方法将会遍历核苷酸 `str` 中的每一个字符。遇到 A 就把 00 加入位串，遇到 C 则加入 01，依次类推。请记住，每个核苷酸需要两个二进制位，因此在加入新的核苷酸之前，要把位串向左移两位（`self.bit_string<<= 2`）。

添加每个核苷酸都是用“或”（|）操作进行的。当左移操作完成后，位串的右侧会加入两个 0。在位运算过程中，0 与其他任何值执行“或”操作（如 `self.bit_string | = 0b10`）的结果都是把 0 替换为该值。换句话说，就是在位串的右侧不断加入两个新的二进制位。加入的两个位的值将视核苷酸的类型而定。

下面来实现解压方法和调用它的特殊方法`__str__()`，如代码清单 1-12 所示。

代码清单 1-12　trivial_compression.py（续）

```
    def decompress(self) -> str:
        gene: str = ""
        for i in range(0, self.bit_string.bit_length() - 1, 2):  # -1 to exclude sentinel
            bits: int = self.bit_string >> I & 0b11  # get just 2 relevant bits
            if bits == 0b00:  # A
                gene += "A"
            elif bits == 0b01:  # C
                gene += "C"
            elif bits == 0b10:  # G
                gene += "G"
            elif bits == 0b11:  # T
                gene += "T"
```

```
        else:
            raise ValueError("Invalid bits:{}".format(bits))
    return gene[::-1]  # [::-1] reverses string by slicing backward
def __str__(self) -> str:  # string representation for pretty printing
    return self.decompress()
```

decompress()方法每次将从位串中读取两个位，再用这两个位确定要加入基因的 str 尾部的字符。与压缩时的读取顺序不同，解压时位的读取是自后向前进行的（从右到左而不是从左到右），因此最终的 str 要做一次反转（用切片表示法进行反转[::-1]）。最后请留意一下，int 类型的 bit_length()方法给 decompress()的开发带来了很大便利。下面来试试效果吧。具体代码如代码清单 1-13 所示。

代码清单 1-13 trivial_compression.py（续）

```
if __name__ == "__main__":
    from sys import getsizeof
    original: str = "TAGGGATTAACCGTTATATATATATAGCCATGGATCGATTATATAGGGATTAACCGTTATA
     TATATATAGCCATGGATCGATTATA" * 100
    print("original is {} bytes".format(getsizeof(original)))
    compressed: CompressedGene = CompressedGene(original)  # compress
    print("compressed is {} bytes".format(getsizeof(compressed.bit_string)))
    print(compressed)  # decompress
    print("original and decompressed are the same: {}".format(original ==
     compressed.decompress()))
```

利用 sys.getsizeof()方法，输出结果时就能显示出来，通过该压缩方案确实节省了基因数据大约 75%的内存开销。具体代码如代码清单 1-14 所示。

代码清单 1-14 trivial_compression.py 的输出结果

```
original is 8649 bytes
compressed is 2320 bytes
TAGGGATTAACC…
original and decompressed are the same: True
```

注意 在 CompressedGene 类中，为了判断压缩方法和解压方法中的一系列条件，大量采用了 if 语句。因为 Python 没有 switch 语句，所以这种情况有点儿普遍。在 Python 中有时还会出现一种情况，就是高度依靠字典对象来代替大量的 if 语句，以便对一系列的条件做出处理。不妨想象一下，可以用字典对象来找出每个核苷酸对应的二进制位形式。有时字典方案的可读性会更好，但可能会带来一定的性能开销。尽管查找字典在技术上的复杂度为 $O(1)$，但运行哈希函数存在开销，这有时会意味着字典的性能还不如一串 if。是否采用字典，取决于具体的 if 语句做判断时需要进行什么计算。如果在关键代码段中要在多个 if 和查找字典中做出取舍，或许该分别对这两种方法运行一次性能测试。

1.3 牢不可破的加密方案

一次性密码本（one-time pad）是一种加密数据的方法，它将无意义的随机的假数据（dummy data）混入数据中，这样在无法同时拿到加密结果和假数据的情况下就不能重建原始数据。这实质上是给加密程序配上了密钥对。其中一个密钥是加密结果，另一个密钥则是随机的假数据。单个密钥是没有用的，只有两个密钥的组合才能解密出原始数据。只要运行无误，一次性密码本就是一种无法破解的加密方案。图 1-6 演示了这一过程。

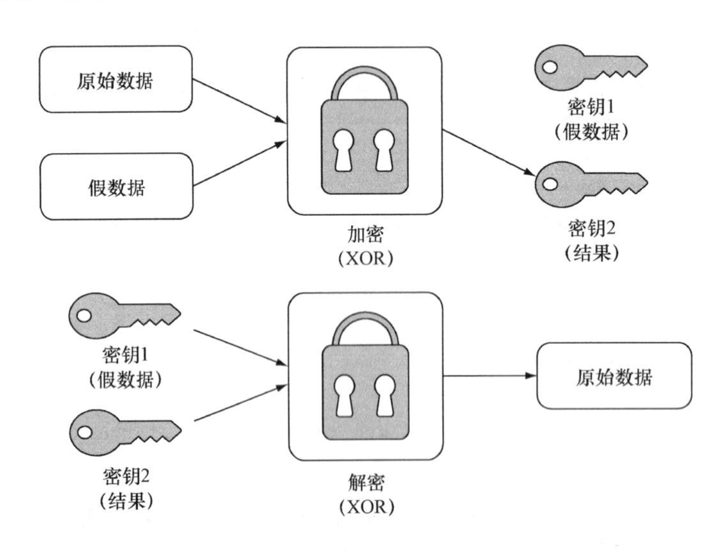

图 1-6 一次性密码本会产生两个密钥，它们可以分开存放，后续可再组合起来以重建原始数据

1.3.1 按顺序读取数据

以下示例将用一次性密码本方案加密一个 `srt`。Python 3 的 `str` 类型有一种用法可被视为 UTF-8 字节序列（UTF-8 是一种 Unicode 字符编码）。通过 `encode()` 方法可将 `str` 转换为 UTF-8 字节序列（以 `bytes` 类型表示）。同理，用 `bytes` 类型的 `decode()` 方法可将 UTF-8 字节序列转换回 `str`。

一次性密码本的加密操作中用到的假数据必须符合 3 条标准，这样最终的结果才不会被破解。假数据必须与原始数据长度相同、真正随机、完全保密。第 1 条标准和第 3 条标准是常识。如果假数据因为太短而出现重复，就有可能被觉察到规律。如果其一个密钥不完全保密（可能在其他地方被重复使用或部分泄露），那么攻击者就能获得一条线索。第 2 条标准给自己出了一道难题：能否生成真正随机的数据？大多数计算机的答案都是否定的。

本例将会用到 secrets 模块的伪随机数据来生成函数 token_ bytes()（自 Python 3.6 开始包含在于标准库中）。这里的数据并非是真正随机的，因为 secrets 包在幕后采用的仍然是伪随机数生成器，但它已足够接近目标了。下面就来生成一个用作假数据的随机密钥，具体代码如代码清单 1-15 所示。

代码清单 1-15　unbreakable_encryption.py

```
from secrets import token_bytes
from typing import Tuple


def random_key(length: int) -> int:
    # generate length random bytes
    tb: bytes = token_bytes(length)
    # convert those bytes into a bit string and return it
    return int.from_bytes(tb, "big")
```

以上函数将创建一个长度为 length 字节的 int，其中填充的数据是随机生成的。int.from_bytes() 方法用于将 bytes 转换为 int。如何将多字节数据转换为单个整数呢？答案就在 1.2 节。在 1.2 节中已经介绍过 int 类型可为任意大小，而且还展示了 int 能被当作通用的位串来使用。本节以同样的方式使用 int。例如，from_bytes() 方法的参数是 7 字节（7 字节 × 8 位/字节= 56 位），该方法会将这个参数转换为 56 位的整数。为什么这种方式很有用呢？因为与对序列中的多字节进行操作相比，对单个 int（读作“长位串”）进行位操作将更加简单高效。下面将会用到 XOR 位运算。

1.3.2　加密和解密

如何将假数据与待加密的原始数据进行合并呢？这里将用 XOR 操作来完成。XOR 是一种逻辑位操作（二进制位级别的操作），当其中一个操作数为真时返回 true，而如果两个操作数都为真或都不为真则返回 false。可能大家都已猜到了，XOR 代表“异或”。

Python 中的 XOR 操作符是“^”。在二进制位的上下文中，0^1 和 1^0 将返回 1，而 0^0 和 1^1 则会返回 0。如果用 XOR 合并两个数的二进制位，那么把结果数与其中某个操作数重新合并即可生成另一个操作数，这是一个很有用的特性。

```
A ^ B = C
C ^ B = A
C ^ A = B
```

上述重要发现构成了一次性密码本加密方案的基础。为了生成结果数据，只要简单地将原始 str 以字节形式表示的 int 与一个随机生成且位长相同的 int(由 random_key() 生成)进行异或操作即可。返回的密钥对就是假数据和加密结果。具体代码如代码清单 1-16

所示。

代码清单 1-16 unbreakable_encryption.py（续）

```
def encrypt(original: str) -> Tuple[int, int]:
    original_bytes: bytes = original.encode()
    dummy: int = random_key(len(original_bytes))
    original_key: int = int.from_bytes(original_bytes, "big")
    encrypted: int = original_key ^ dummy  # XOR
    return dummy, encrypted
```

注意 int.from_bytes()要传入两个参数。第一个参数是需要转换为 int 的 bytes。第二个参数是这些字节的字节序（endianness）"big"。字节序是指存储数据所用的字节顺序。首先读到的是最高有效字节（most significant byte），还是最低有效字节（least significant byte）？在本示例中，只要加密和解密时采用相同的顺序就无所谓，因为实际只会在单个二进制位级别操作数据。如果是在编码过程的两端不全由自己掌控的其他场合，字节序可能是至关重要的因素，所以请务必小心！

解密过程只是将 encrypt()生成的密钥对重新合并而已。只要在两个密钥的每个二进制位之间再次执行一次 XOR 运算，就可完成解密任务了。最终的输出结果必须转换回 str。首先，用 int.to_bytes()将 int 转换为 bytes。该方法需要给定 int 要转换的字节数。只要把总位长除以 8（每字节的位数），就能获得该字节数。最后，用 bytes 类型的 decode()方法即可返回一个 str。具体代码如代码清单 1-17 所示。

代码清单 1-17 unbreakable_encryption.py（续）

```
def decrypt(key1: int, key2: int) -> str:
    decrypted: int = key1 ^ key2  # XOR
    temp: bytes = decrypted.to_bytes((decrypted.bit_length()+ 7) // 8, "big")
    return temp.decode()
```

在用整除操作（//）除以 8 之前，必须给解密数据的长度加上 7，以确保能“向上舍入”，避免出现边界差一（off-by-one）错误。如果上述一次性密码本的加密过程确实有效，那么应该就能毫无问题地加密和解密 Unicode 字符串了。具体代码如代码清单 1-18 所示。

代码清单 1-18 unbreakable_encryption.py（续）

```
if __name__ == "__main__":
    key1, key2 = encrypt("One Time Pad!")
    result: str = decrypt(key1, key2)
    print(result)
```

如果控制台输出了“One Time Pad!”，就万事大吉了。

1.4 计算π

数学意义重大的π（3.14159…）用很多公式都可以推导出来，其中最简单的公式之一就是莱布尼茨公式。它断定以下无穷级数的收敛值等于π：

$$\pi = 4/1 - 4/3 + 4/5 - 4/7 + 4/9 - 4/11\cdots$$

请注意，以上无穷级数的分子保持为 4，而分母则每次递增 2，并且对每一项的操作是加法和减法交替出现。

将上述公式的每一项转换为函数中的变量，就能直接对该无穷级数进行建模。分子可以是常数 4。分母可以是从 1 开始并以 2 递增的变量。至于加法或减法操作，可以表示为-1 或 1。代码清单 1-19 中，用变量 pi 在 for 循环过程中保存各级数之和。

代码清单 1-19 calculating_pi.py

```
def calculate_pi(n_terms: int) -> float:
    numerator: float = 4.0
    denominator: float = 1.0
    operation: float = 1.0
    pi: float = 0.0
    for _ in range(n_terms):
        pi += operation * (numerator / denominator)
        denominator += 2.0
        operation *= -1.0
    return pi
if __name__ == "__main__":
    print(calculate_pi(1000000))
```

提示 在大多数平台中，Python 的 float 类型是 64 位的浮点数（或 C 语言中的 double 类型）。

在建模或仿真某个有趣的概念时，公式和程序代码之间作生搬硬套式的直接转换是一种简单而高效的方案，以上函数就给出了很好的示例。直接转换是一种有用的工具，但必须时刻牢记它不一定是最有效的解决方案。其实，π的莱布尼茨公式可以用更加高效或紧凑的代码来实现。

注意 无穷级数的项数越多（调用 calculate_pi()时给出的 n_terms 的值越大），π的最终计算结果就会越精确。

1.5 汉诺塔

本题共涉及 3 根立柱（以下称为“塔”），不妨将其标为 A、B 和 C。塔 A 外面套有几个环形的圆盘。最大的圆盘位于底部，不妨将其称为圆盘 1。圆盘 1 上方的其他圆盘标记为不断增大的数字，圆盘尺寸则不断减小。假定要移动 3 个圆盘，最大也是底部的圆盘就是圆盘 1。第二大的圆盘 2 将放在圆盘 1 的上方。最小的圆盘 3 则放在圆盘 2 的上方。本题的目标是按以下规则把所有圆盘从塔 A 移动到塔 C：

- 每次只能移动一个圆盘；
- 只有塔顶的圆盘才能被移动；
- 绝不能把大圆盘放在小圆盘的上面。

图 1-7 对本题给出了总体说明。

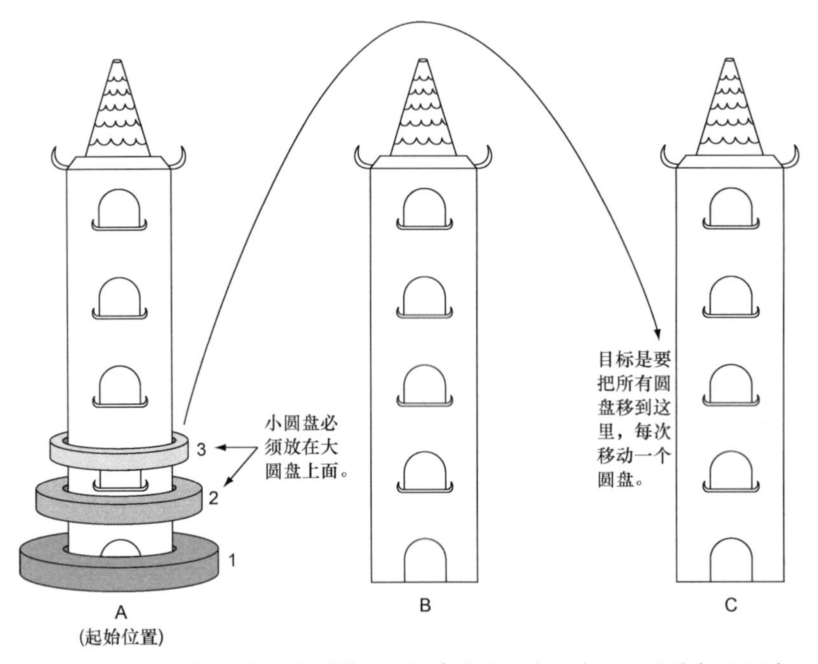

图 1-7 本题的挑战是把 3 个圆盘从塔 A 移到塔 C，每次移动一个圆盘，不允许把大圆盘压在小圆盘之上

1.5.1 对塔进行建模

栈是按照后进先出（LIFO）理念建模的数据结构。最后入栈的数据项会最先出栈。栈的两个最基本操作是压入（push）和弹出（pop）。压入操作是把一个新数据项放入栈中，而弹出操作则是移除并返回最后一次放入的数据项。在 Python 中用 `list` 类型作为底层存储，即可轻松对栈进行建模。具体代码如代码清单 1-20 所示。

代码清单 1-20 hanoi.py

```
from typing import TypeVar, Generic, List
T = TypeVar('T')
```

```
class Stack(Generic[T]):
    def __init__(self) -> None:
        self._container: List[T] = []

    def push(self, item: T) -> None:
        self._container.append(item)

    def pop(self) -> T:
        return self._container.pop()

    def __repr__(self) -> str:
        return repr(self._container)
```

注意 上述 Stack 类实现了__repr__()方法，这样想要查看某个塔的状况就比较容易了。对 Stack 类调用 print()时，输出的就是__repr__()的结果。

注意 正如本书引言中所述，本书通篇都会使用类型提示。从 typing 模块导入 Generic，就能让 Stack 在类型提示时泛型化为某种类型。T = TypeVar('T')定义了任意类型 T。T 可以是任何类型。后续在求解汉诺塔问题时使用的 Stack，就用到了类型提示，类型提示为 Stack[int]类型，表示 T 应该填入 int 类型的数据。换句话说，该栈是一个整数栈。如果对类型提示还存在困惑，不妨阅读一下附录 C。

栈是汉诺塔的完美表现。要把圆盘放到塔上，可以进行压入操作。要把圆盘从一个塔移到另一个塔，就可以先从第一个塔弹出再压入第二个塔上。

下面将塔定义为 Stack，并把圆盘码放在第一个塔上，具体代码如代码清单 1-21 所示。

代码清单 1-21 hanoi.py（续）

```
num_discs: int = 3
tower_a: Stack[int] = Stack()
tower_b: Stack[int] = Stack()
tower_c: Stack[int] = Stack()
for i in range(1, num_discs + 1):
    tower_a.push(i)
```

1.5.2 求解汉诺塔问题

汉诺塔问题该如何求解呢？不妨想象一下只需移动一个圆盘的情况。做法大家都该知道吧！实际上，移动一个圆盘正是汉诺塔递归解决方案的基线条件。需要递归完成的是移动多个圆盘的情况。因此，要点就是有两种情况需要编写代码：移动一个圆盘（基线条件）和移动多个圆盘（递归情况）。

为了理解需要递归完成的情况，不妨看一个具体的例子。假设塔 A 上套有上、中、下 3 个圆盘，这 3 个圆盘最终都要被移到塔 C 上去。遍历一遍全过程或许有助于把问题讲清楚。首先可以把顶部圆盘移到塔 C。再将中间圆盘移到塔 B。然后可以将顶部圆盘从塔 C 移到塔 B。现在底部圆盘仍在塔 A，上面的两个圆盘则在塔 B。现在已大致成功将两个圆盘从一个塔（A）移到了另一个塔（B）。把底部圆盘从 A 移到 C 其实就是基线条件（移动单个圆盘）。现在可以按照从 A 到 B 的相同步骤把两个上面的圆盘从 B 移到 C。将顶部圆盘移到 A，将中间圆盘移到 C，最后将顶部圆盘从 A 移到 C。

提示　在讲述计算机科学的课堂上，常常可以见到用木柱和塑料圈制作的塔的小模型。大家可以用 3 支铅笔和 3 张纸制作自己的模型。这或许有助于将解决方案直观地呈现出来。

在上述 3 个圆盘的示例中，包含一种简单的移动单个圆盘的基线条件，以及一种移动其他所有圆盘（这里为两个）的递归情况，这里用到了第 3 个塔作为暂存塔。递归的情况可以被拆分为以下 3 步。

（1）将上层 $n-1$ 个圆盘从塔 A 移到塔 B（暂存塔），用塔 C 作为中转塔。

（2）将底层的圆盘从塔 A 移到塔 C。

（3）将 $n-1$ 个圆盘从塔 B 移到塔 C，用塔 A 作为中转塔。

令人惊奇的是，这种递归算法不仅适用于 3 个圆盘的情况，还适用于任意数量的圆盘。下面将此算法编码成名为 `hanoi()` 的函数，该函数负责将圆盘从一个塔移到另一个塔，参数中给出第 3 个暂存塔。具体代码如代码清单 1-22 所示。

代码清单 1-22　hanoi.py（续）

```python
def hanoi(begin: Stack[int], end: Stack[int], temp: Stack[int], n: int) -> None:
    if n == 1:
        end.push(begin.pop())
    else:
        hanoi(begin, temp, end, n - 1)
        hanoi(begin, end, temp, 1)
        hanoi(temp, end, begin, n - 1)
```

调用 `hanoi()` 完成后，应该检查一下塔 A、B 和 C 的内容，验证是否所有圆盘都已移动成功。具体代码如代码清单 1-23 所示。

代码清单 1-23　hanoi.py（续）

```python
if __name__ == "__main__":
    hanoi(tower_a, tower_c, tower_b, num_discs)
```

```
print(tower_a)
print(tower_b)
print(tower_c)
```

我们会发现应该已经成功了。在为汉诺塔解法编写代码时，不一定非要对将多个圆盘从塔 A 移到塔 C 所需的每一步都能理解。但逐渐弄懂移动任意数量圆盘的通用递归算法并完成编码后，剩下的工作就交给计算机去完成吧。这就是构想递归解法的威力：往往可以用抽象方式思考解法，而不用枯燥地在脑子里把每一步都搞定。

顺便提一下，随着圆盘数量的增加，hanoi()函数的执行次数将会呈指数级增加，因此连 64 个圆盘的解法都会算不出来。可以修改一下 num_disc 变量，多试几个不同的圆盘数。随着圆盘数量的增加，所需移动步数将呈指数级增加，这正是汉诺塔的传奇之处。关于汉诺塔的传说的更详细信息在很多地方都能找到。读者若有兴趣了解有关此递归解法背后的数学原理，可参阅 Carl Burch 在“关于汉诺塔”（About the Towers of Hanoi）中的解释。

1.6 现实世界的应用

本章介绍的各种技术（递归、结果缓存、压缩和位级操作）在现代软件开发过程中是很常用的，如果没有它们，难以想象计算的世界会是什么样的，虽然没有它们也能解决问题，但用这些技术解决起来往往逻辑性更强、效率更高。

递归尤其如此，它不仅是很多算法的核心，甚至还是整个编程语言的核心。在一些函数式编程语言中，如 Scheme 和 Haskell，递归取代了命令式语言中使用的循环。但是，递归技术可以完成的任务用迭代技术也能实现，这一点值得牢记在心。

结果缓存已成功应用于解析器（解释型语言用到的程序）的加速工作。对于解决有可能再次请求最近计算结果的问题，结果缓存就会很有用。结果缓存的另一个应用就是程序语言的运行时（runtime）。某些程序语言的运行时（如 Prolog 的多个版本）会把函数调用的结果自动保存下来（自动化结果缓存），这样下次发起相同调用时就不需要再执行这些函数了。这种机制类似于 fib6()中的修饰符@lru_cache()。

压缩技术已经让饱受带宽限制的互联网世界变得流畅多了。对于现实世界中取值范围有限的简单数据类型，多一个字节都是浪费，于是在 1.2 节中检验过的位串技术就十分有用了。不过大多数压缩算法都是通过在数据集中找到某些模式或结构，从而使重复信息得以消除。它们比 1.2 节中介绍的方案要复杂得多。

一次性密码本对于普通的加密是不大实用的。为了重建原始数据，一次性密码本方案要求加密程序和解密程序同时拥有其中一个密钥（示例中为假数据），这很麻烦并且违背了大多数加密方案的目标（保持密钥的秘密性）。但是大家可以了解一下，“一次性密码本”这个名称来自间谍，在冷战期间，他们使用真正的密码纸和其上的假数据来创建加密通信。

上述这些技术是编程的基本构件，其他算法是构建在其上的。后续章节将会展示关于它们的大量应用。

1.7 习题

1. 用自己设计的技术编写其他一种求解斐波那契序列元素 `n` 的函数。请编写单元测试以评估其正确性，以及相对于本章各版本的性能差异。
2. 大家已经了解了用 Python 中的简单类型 `int` 表示位串的做法。请编写一个人机友好的 `int` 封装类，以使其能通用地当作位序列来使用（使其可迭代并实现 `__getitem__()` 方法）。请利用该 `int` 封装类重新实现一遍 `CompressedGene`。
3. 编写代码求解塔数任意的汉诺塔问题。
4. 用一次性密码本方案加密并解密图像。

第 2 章　搜索问题

"搜索"是一个宏大的主题，本书通篇都可被称为"用 Python 解决经典的搜索问题"。本章将介绍每个程序员都应该知晓的核心搜索算法。别看标题很响亮，但本章内容其实称不上全面。

2.1　DNA 搜索

在计算机软件中，基因通常会表示为字符 A、C、G 和 T 的序列。每个字母代表一种核苷酸（nucleotide），3 个核苷酸的组合称作密码子（codon）。如图 2-1 所示，密码子的编码决定了氨基酸的种类，多个氨基酸一起形成了蛋白质（protein）。生物信息学软件的一个经典任务就是在基因中找到某个特定的密码子。

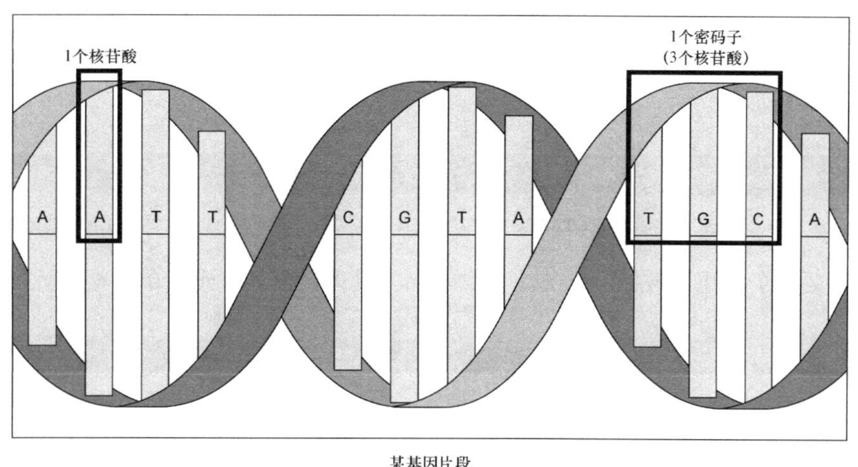

图 2-1　核苷酸由 A、C、G 和 T 之一表示。密码子由 3 个核苷酸组成，基因由多个密码子组成

2.1.1 DNA 的存储方案

核苷酸可以表示为包含 4 种状态的简单类型 IntEnum，如代码清单 2-1 所示。

代码清单 2-1 dna_search.py

```
from enum import IntEnum
from typing import Tuple, List

Nucleotide: IntEnum = IntEnum('Nucleotide', ('A', 'C', 'G', 'T'))
```

Nucleotide 的类型是 IntEnum，而不仅仅是 Enum，因为 IntEnum“免费”提供了比较运算符（<、>=等）。为了使要实现的搜索算法能完成这些操作，需要数据类型支持这些运算符。从 typing 包中导入 Tuple 和 List，是为了获得类型提示提供的支持。

如代码清单 2-2 所示，Codon 可以定义为包含 3 个 Nucleotide 的元组，Gene 可以定义为 Codon 的列表。

代码清单 2-2 dna_search.py（续）

```
Codon = Tuple[Nucleotide, Nucleotide, Nucleotide]  # type alias for codons
Gene = List[Codon]  # type alias for genes
```

注意 尽管稍后需要对 Codon 进行相互比较，但是此处并不需要为 Codon 定义显式地实现了“<”操作符的自定义类，这是因为只要组成元组的元素类型是可比较的，Python 就内置支持元组的比较操作。

互联网上的基因数据通常都是以文件格式提供的，其中包含了代表基因序列中所有核苷酸的超长字符串。下面将为某个虚构的基因定义这样一个字符串，并将其命名为 gene_str，具体代码如代码清单 2-3 所示。

代码清单 2-3 dna_search.py（续）

```
gene_str: str = "ACGTGGCTCTCTAACGTACGTACGTACGGGGTTTATATATACCCTAGGACTCCCTTT"
```

这里还需要一个实用函数把 str 转换为 Gene。具体代码如代码清单 2-4 所示。

代码清单 2-4 dna_search.py（续）

```
def string_to_gene(s: str) -> Gene:
    gene: Gene = []
    for i in range(0, len(s), 3):
        if (i + 2) >= len(s):  # don't run off end!
```

```
            return gene
        #  initialize codon out of three nucleotides
        codon: Codon = (Nucleotide[s[i]], Nucleotide[s[i + 1]], Nucleotide[s[i + 2]])
        gene.append(codon)  # add codon to gene
    return gene
```

string_to_gene()遍历给定的 str，把每 3 个字符转换为 Codon，并将其追加到新建的 Gene 的末尾。如果该函数发现从正在读取的 s 的当前位置开始不够放下两个 Nucleotide 的位置（参见循环中的 if 语句），就说明已经到达不完整基因的末尾了，于是最后一个或两个核苷酸就会被跳过。

string_to_gene()可用于把 str 类型的 gene_str 转换为 Gene。具体代码如代码清单 2-5 所示。

代码清单 2-5 dna_search.py（续）

```
my_gene: Gene = string_to_gene(gene_str)
```

2.1.2 线性搜索

基因需要执行的一项基本操作就是搜索指定的密码子，目标就是简单地查找该密码子是否存在于基因中。

线性搜索（linear search）算法将按照原始数据结构的顺序遍历搜索空间（search space）中的每个元素，直到找到搜索内容或到达数据结构的末尾。其实对搜索而言，线性搜索是最简单、最自然、最显而易见的方式。在最坏的情况下，线性搜索将需要遍历数据结构中的每个元素，因此它的复杂度为 $O(n)$，其中 n 是数据结构中元素的数量，如图 2-2 所示。

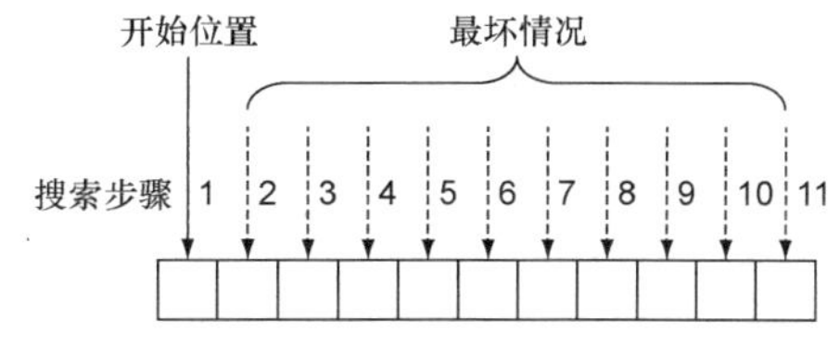

图 2-2 在最坏情况下，线性搜索将需要遍历数组的每个元素

线性搜索函数的定义非常简单。它只需要遍历数据结构中的每个元素，并检查每个元素是否与所查找的数据相等。代码清单 2-6 所示的代码就对 Gene 和 Codon 定义了这样一个函数，然后尝试对 my_gene 和名为 acg 和 gat 的 Codon 对象调用这个函数。

代码清单 2-6 dna_search.py（续）

```
def linear_contains(gene: Gene, key_codon: Codon) -> bool:
    for codon in gene:
```

```
        if codon == key_codon:
            return True
    return False

acg: Codon = (Nucleotide.A, Nucleotide.C, Nucleotide.G)
gat: Codon = (Nucleotide.G, Nucleotide.A, Nucleotide.T)
print(linear_contains(my_gene, acg))  # True
print(linear_contains(my_gene, gat))  # False
```

注意 上述函数仅供演示。Python 内置的序列类型（list、tuple、range）都已实现了__contains__()方法，这样就能简单地用 in 操作符在其中搜索某个指定的数据项。实际上，in 运算符可以与任何已实现__contains__()方法的类型一起使用。例如，执行 print(acg in my_gene)语句即可在 my_gene 中搜索 acg 并打印出结果。

2.1.3 二分搜索

有一种搜索方法比查看每个元素速度快，但需要提前了解数据结构的顺序。如果我们知道某数据结构已经排过序，并且可以通过数据项的索引直接访问其中的每一个数据项，就可以执行二分搜索（binary search）。根据这一标准，已排序的 Python List 是二分搜索的理想对象。

二分搜索的原理如下：查看一定范围内有序元素的中间位置的元素，将其与所查找的元素进行比较，根据比较结果将搜索范围缩小一半，然后重复上述过程。下面看一个具体的例子。

假定有一个按字母顺序排列的单词 List，类似于["cat", "dog", "kangaroo", "llama", "rabbit", "rat", "zebra"]，要查找的单词是“rat”。

（1）可以确定在这 7 个单词的列表中，中间位置的元素为“llama”。

（2）可以确定按字母顺序“rat”将排在“llama”之后，因此它一定位于“llama”之后的一半（近似）列表中。（如果在本步中已经找到“rat”，就应该返回它的位置；如果发现所查找的单词排在当前的中间单词之前，就可以确信它位于“llama”之前的一半列表中。）

（3）可以对“rat”有可能存在其中的半个列表再次执行第 1 步和第 2 步。这半个列表事实上就成了新的目标列表。这些步骤会持续执行下去，直至找到“rat”或者当前搜索范围中不再包含待查找的元素（意味着该单词列表中不存在“rat”）。

图 2-3 展示了二分搜索的过程。请注意，与线性搜索不同，它不需要搜索每个元素。

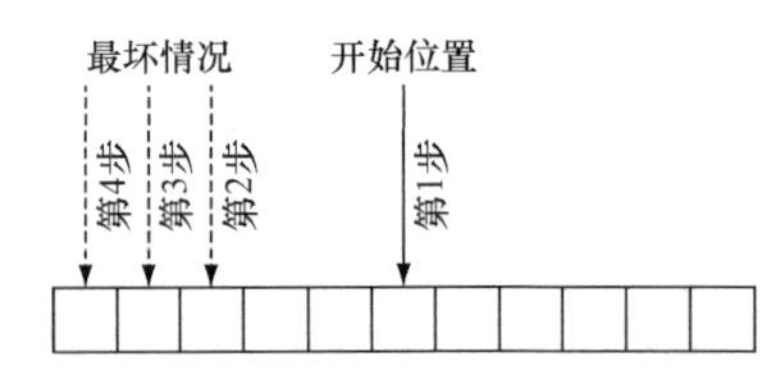

图 2-3 最坏情况下，二分搜索仅会遍历 lg(*n*)个列表元素

二分搜索将搜索空间不停地减半，因此它的最坏情况运行时间为 $O(\lg n)$。但是这里还有个排序问题。与线性搜索不同，二分搜索需要对有序的数据结构才能进行搜索，而排序是需要时间的。实际上，最好的排序算法也需要 $O(n \lg n)$的时间才能完成。如果我们只打算运行一次搜索，并且原数据结构未经排序，那么可能进行线性搜索就比较合理。但如果要进行多次搜索，那么用于排序所付出的时间成本就是值得的，获得的收益来自每次搜索大幅减少的时间成本。

为基因和密码子编写二分搜索函数，与为其他类型的数据编写搜索函数没什么区别，因为同为 Codon 类型的数据可以相互比较，而 Gene 类型只不过是一个 List。具体代码如代码清单 2-7 所示。

代码清单 2-7　dna_search.py（续）

```
def binary_contains(gene: Gene, key_codon: Codon) -> bool:
    low: int = 0
    high: int = len(gene) - 1
    while low <= high:  # while there is still a search space
        mid: int = (low + high) // 2
        if gene[mid] < key_codon:
            low = mid + 1
        elif gene[mid] > key_codon:
            high = mid - 1
        else:
            return True
    return False
```

下面就逐行过一遍这个函数。

```
low: int = 0
high: int = len(gene) - 1
```

首先看一下包含整个列表（gene）的范围。

```
while low <= high:
```

只要还有可供搜索的列表范围，搜索就会持续下去。当 low 大于 high 时，意味着列表中不再包含需要查看的槽位（slot）了。

```
mid: int = (low + high) // 2
```

我们用整除法和在小学就学过的简单均值公式计算中间位置 mid。

```
if gene[mid] < key_codon:
    low = mid + 1
```

如果要查找的元素大于当前搜索范围的中间位置元素，我们就修改下一次循环迭代时要搜索的范围，方法是将 low 移到当前中间位置元素后面的位置。下面是把下一次迭代的搜索范围减半的代码。

```
elif gene[mid] > key_codon:
    high = mid - 1
```

类似地，如果要查找的元素小于中间位置元素之前，就将当前搜索范围反向减半。

```
else:
    return True
```

如果当前查找的元素既不小于也不大于中间位置元素，就表示它就是要找的元素！当然，如果循环迭代完毕，就会返回 False，以表明没有找到，这里就不重现代码了。

下面可以尝试用同一份基因数据和密码子运行函数了，但必须记得先进行排序。具体代码如代码清单 2-8 所示。

代码清单 2-8 dna_search.py（续）

```
my_sorted_gene: Gene = sorted(my_gene)
print(binary_contains(my_sorted_gene, acg))  # True
print(binary_contains(my_sorted_gene, gat))  # False
```

提示 可以用 Python 标准库中的 bisect 模块构建高性能的二分搜索方案。

2.1.4 通用示例

函数 linear_contains()和 binary_contains()可以广泛应用于几乎所有 Python 序列。以下通用版本与之前的版本几乎完全相同，只不过有一些名称和类型提示信息有一些变化。具体代码如代码清单 2-9 所示。

注意 代码清单 2-9 中有很多导入的类型。本章后续有很多通用搜索算法都将复用 generic_search.py 文件，这样就可以避免导入的麻烦。

注意 在往下继续之前，需要用 pip install typing_extensions 或 pip3 install typing_extensions 安装 typing_extensions 模块，具体命令取决于 Python 解释器的配置方式。这里需要通过该模块获得 Protocol 类型，Python 后续版本的标准库中将会包含这个类型（PEP 544 已有明确说明）。因此在 Python 的后续版本中，应该不需要再导入 typing_extensions 模块了，并且会用 from typing import Protocol 替换 from typing_extensions import Protocol。

代码清单 2-9 generic_search.py

```
from __future__ import annotations
from typing import TypeVar, Iterable, Sequence, Generic, List, Callable, Set, Deque,
    Dict, Any, Optional
```

```
from typing_extensions import Protocol
from heapq import heappush, heappop

T = TypeVar('T')

def linear_contains(iterable: Iterable[T], key: T) -> bool:
    for item in iterable:
        if item == key:
            return True
    return False

C = TypeVar("C", bound="Comparable")

class Comparable(Protocol):
    def __eq__(self, other: Any) -> bool:
        ...
    def __lt__(self: C, other: C) -> bool:
        ...
    def __gt__(self: C, other: C) -> bool:
        return (not self < other) and self != other

    def __le__(self: C, other: C) -> bool:
        return self < other or self == other

    def __ge__(self: C, other: C) -> bool:
        return not self < other

def binary_contains(sequence: Sequence[C], key: C) -> bool:
    low: int = 0
    high: int = len(sequence) - 1
    while low <= high:  # while there is still a search space
        mid: int = (low + high) // 2
        if sequence[mid] < key:
            low = mid + 1
        elif sequence[mid] > key:
            high = mid - 1
        else:
            return True
    return False

if __name__ == "__main__":
    print(linear_contains([1, 5, 15, 15, 15, 15, 20], 5))  # True
    print(binary_contains(["a", "d", "e", "f", "z"], "f"))  # True
```

```
print(binary_contains(["john", "mark", "ronald", "sarah"], "sheila"))  # False
```

现在可以尝试搜索其他类型的数据了。这些函数几乎可以复用于任何 Python 集合类型。这正是编写通用代码的威力。上述例子中唯一的遗憾之处就是为了满足 Python 类型提示的要求，必须以 Comparable 类的形式实现。Comparable 是一种实现比较操作符（<、>=等）的类型。在后续的 Python 版本中，应该有一种更简洁的方式来为实现这些常见操作符的类型创建类型提示。

2.2 求解迷宫问题

寻找穿过迷宫的路径类似于计算机科学中的很多常见搜索问题，那么不妨直观地用查找迷宫路径来演示广度优先搜索、深度优先搜索和 A*算法吧。

此处的迷宫将是由 Cell 组成的二维网格。Cell 是一个包含 str 值的枚举，其中" "表示空白单元格，"X"表示路障单元格。还有其他一些在打印输出迷宫时供演示用的单元格。具体代码如代码清单 2-10 所示。

代码清单 2-10 maze.py

```
from enum import Enum
from typing import List, NamedTuple, Callable, Optional
import random
from math import sqrt
from generic_search import dfs, bfs, node_to_path, astar, Node

class Cell(str, Enum):
    EMPTY = " "
    BLOCKED = "X"
    START = "S"
    GOAL = "G"
    PATH = "*"
```

这里再次用到了很多导入操作。注意，最后一个导入（from generic_search）有几个还未定义的标识符，此处是为了方便才包含进来的，但在用到之前可以先把它们注释掉。

还需要有一种表示迷宫中各个位置的方法，只要用 NamedTuple 即可实现，其属性表示当前位置的行和列。具体代码如代码清单 2-11 所示。

代码清单 2-11 maze.py（续）

```
class MazeLocation(NamedTuple):
    row: int
    column: int
```

2.2.1 生成一个随机迷宫

Maze 类将在内部记录一个表示其状态的网格（列表的列表）。还有表示行数、列数、起始位置和目标位置的实例变量，该网格将被随机填入一些路障单元格。

这里生成的迷宫应该相当地稀疏，以便从给定的起始位置到给定的目标位置的路径几乎总是存在（毕竟这里只是为了测试算法）。实际的稀疏度将由迷宫的调用者决定，但这里将给出默认的稀疏度为 20%的路障。如果某个随机数超过了当前 sparseness 参数给出的阈值，就会简单地用路障单元格替换空单元格。如果对迷宫中的每个位置都执行上述操作，那么从统计学上说，整个迷宫的稀疏度将近似于给定的 sparseness 参数。具体代码如代码清单 2-12 所示。

代码清单 2-12 maze.py（续）

```
class Maze:
    def __init__(self, rows: int = 10, columns: int = 10, sparseness: float = 0.2, start:
     MazeLocation = MazeLocation(0, 0), goal: MazeLocation = MazeLocation(9, 9)) -> None:
        # initialize basic instance variables
        self._rows: int = rows
        self._columns: int = columns
        self.start: MazeLocation = start
        self.goal: MazeLocation = goal
        # fill the grid with empty cells
        self._grid: List[List[Cell]] = [[Cell.EMPTY for c in range(columns)]
    for r in range(rows)]
         # populate the grid with blocked cells
         self._randomly_fill(rows, columns, sparseness)
         # fill the start and goal locations in
         self._grid[start.row][start.column] = Cell.START
         self._grid[goal.row][goal.column] = Cell.GOAL

    def _randomly_fill(self, rows: int, columns: int, sparseness: float):
        for row in range(rows):
            for column in range(columns):
                if random.uniform(0, 1.0) < sparseness:
                    self._grid[row][column] = Cell.BLOCKED
```

现在我们有了迷宫，还需要一种把它简洁地打印到控制台的方法。输出的字符应该靠得很近，以便使该迷宫看起来像一个真实的迷宫。具体代码如代码清单 2-13 所示。

代码清单 2-13 maze.py（续）

```
# return a nicely formatted version of the maze for printing
```

```
def __str__(self) -> str:
    output: str = ""
    for row in self._grid:
        output += "".join([c.value for c in row]) + "\n"
    return output
```

然后测试一下上述这些迷宫函数。

```
maze: Maze = Maze()
print(maze)
```

2.2.2 迷宫的其他函数

若有一个函数可在搜索过程中检查我们是否已抵达目标，将会便利很多。换句话说，我们需要检查搜索已到达的某个 MazeLocation 是否就是目标位置。于是可以为 Maze 添加一个方法。具体代码如代码清单 2-14 所示。

代码清单 2-14 maze.py（续）

```
def goal_test(self, ml: MazeLocation) -> bool:
    return ml == self.goal
```

怎样才能在迷宫内移动呢？假设我们每次可以从迷宫的给定单元格开始水平和垂直移动一格。根据此规则，successors() 函数可以从给定的 MazeLocation 找到可能到达的下一个位置。但是，每个 Maze 的 successors() 函数都会有所差别，因为每个 Maze 都有不同的尺寸和路障集。因此，代码清单 2-15 中把 successors() 函数定义为 Maze 的方法。

代码清单 2-15 maze.py（续）

```
def successors(self, ml: MazeLocation) -> List[MazeLocation]:
    locations: List[MazeLocation] = []
    if ml.row + 1 < self._rows and self._grid[ml.row + 1][ml.column] != Cell.BLOCKED:
        locations.append(MazeLocation(ml.row + 1, ml.column))
    if ml.row - 1 >= 0 and self._grid[ml.row - 1][ml.column] != Cell.BLOCKED:
        locations.append(MazeLocation(ml.row - 1, ml.column))
    if ml.column + 1 < self._columns and self._grid[ml.row][ml.column + 1] != Cell.BLOCKED:
        locations.append(MazeLocation(ml.row, ml.column + 1))
    if ml.column - 1 >= 0 and self._grid[ml.row][ml.column - 1] != Cell.BLOCKED:
        locations.append(MazeLocation(ml.row, ml.column - 1))
    return locations
```

successors() 只是简单地检查 Maze 中 MazeLocation 的上方、下方、右侧和左侧，查看是否能找到从该位置过去的空白单元格。它还会避开检查 Maze 边缘之外的位置。每个找到的可达 MazeLocation 都会被放入一个列表，该列表将被最终返回给调用者。

2.2.3 深度优先搜索

深度优先搜索（depth-first search，DFS）正如其名，搜索会尽可能地深入，如果碰到障碍就会回溯到最后一次的决策位置。下面将实现一个通用的深度优先搜索算法，它可以求解上述迷宫问题，还可以给其他问题复用。图 2-4 演示了迷宫中正在进行的深度优先搜索。

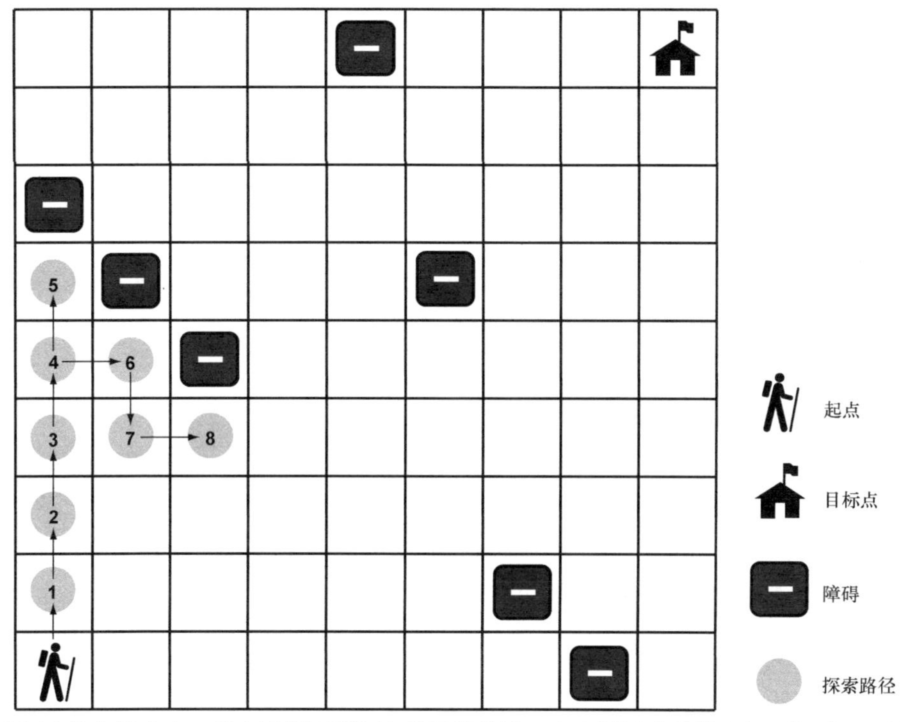

图 2-4 在深度优先搜索中，搜索沿着不断深入的路径前进，直至遇到障碍并必须回溯到最后的决策位置

1. 栈

深度优先搜索算法依赖栈这种数据结构。（如果你已读过了第 1 章中有关栈的内容，完全可以跳过本小节的内容。）栈是一种按照后进先出（LIFO）原则操作的数据结构。不妨想象一叠纸，顶部的最后一张纸是从栈中取出的第一张纸。通常，栈可以基于更简单的数据结构（如列表）来实现。这里的栈将基于 Python 的 list 类型来实现。

栈一般至少应包含两种操作：

- push()——在栈顶部放入一个数据项；
- pop()——移除栈顶部的数据项并将其返回。

下面将实现这两个操作，以及用于检查栈中是否还存在数据项的 empty 属性，具体代码如代码清单 2-16 所示。这些关于栈的代码将会被添加到本章之前用过的 generic_search.py 文件中。现在我们已经完成了所有必要的导入。

代码清单 2-16　generic_search.py（续）

```
class Stack(Generic[T]):
    def __init__(self) -> None:
        self._container: List[T] = []

    @property
    def empty(self) -> bool:
        return not self._container  # not is true for empty container

    def push(self, item: T) -> None:
        self._container.append(item)

    def pop(self) -> T:
        return self._container.pop()  # LIFO

    def __repr__(self) -> str:
        return repr(self._container)
```

用 Python 的 List 实现栈十分地简单，只需一直在其右端添加数据项，并且始终从其最右端移除数据项。如果 List 中不再包含任何数据项，则 list 的 pop() 方法将会调用失败。因此如果 Stack 为空，则 Stack 的 pop() 方法同样也会失败。

2. DFS 算法

在开始实现 DFS 算法之前，还需要来点儿花絮。这里需要一个 Node 类，用于在搜索时记录从一种状态到另一种状态（或从一个位置到另一个位置）的过程。不妨把 Node 视为对状态的封装。在求解迷宫问题时，这些状态就是 MazeLocation 类型。Node 将被称作来自其 parent 的状态。Node 类还会包含 cost 和 heuristic 属性，并实现了 __lt__() 方法，因此稍后在 A*算法中能够得以复用。具体代码如代码清单 2-17 所示。

代码清单 2-17　generic_search.py（续）

```
class Node(Generic[T]):
    def __init__(self, state: T, parent: Optional[Node], cost: float = 0.0, heuristic:
     float  = 0.0) -> None:
      self.state: T = state
```

```
        self.parent: Optional[Node] = parent
        self.cost: float = cost
        self.heuristic: float = heuristic

    def __lt__(self, other: Node) -> bool:
        return (self.cost + self.heuristic) < (other.cost + other.heuristic)
```

提示 Optional 类型表示，参数化类型的值可以被变量引用，或变量可以引用 None。

提示 在文件顶部，from __future__ import annotations 允许 Node 在其方法的类型提示中引用自身。若没有这句话，就需要把类型提示放入引号作为字符串来使用（如'Node'）。在以后的 Python 的版本中，将不必导入 annotations 了。要获得更多信息，请参阅 PEP 563 “注释的延迟评估”（Postponed Evaluation of Annotations）。

深度优先搜索过程中需要记录两种数据结构：当前要搜索的状态栈（或“位置”），这里名为 frontier；已搜索的状态集，这里名为 explored。只要在 frontier 内还有状态需要访问，DFS 就将持续检查该状态是否达到目标（如果某个状态已达到目标，则 DFS 将停止运行并将其返回）并把将要访问的状态添加到 frontier 中。它还会把已搜索的每个状态都打上标记 explored，使得搜索不会陷入原地循环，不会再回到先前已访问的状态。如果 frontier 为空，则意味着没有要搜索的地方了。具体代码如代码清单 2-18 所示。

代码清单 2-18 generic_search.py（续）

```
def dfs(initial: T, goal_test: Callable[[T], bool], successors: Callable[[T], List[T]])
 -> Optional[Node[T]]:
    # frontier is where we've yet to go
    frontier: Stack[Node[T]] = Stack()
    frontier.push(Node(initial, None))
    # explored is where we've been
    explored: Set[T] = {initial}

    # keep going while there is more to explore
    while not frontier.empty:
        current_node: Node[T] = frontier.pop()
        current_state: T = current_node.state
        # if we found the goal, we're done
        if goal_test(current_state):
            return current_node
        # check where we can go next and haven't explored
        for child in successors(current_state):
            if child in explored:  # skip children we already explored
```

```
            continue
        explored.add(child)
        frontier.push(Node(child, current_node))
    return None # went through everything and never found goal
```

如果 dfs()执行成功，则返回封装了目标状态的 Node。从该 Node 开始，利用 parent 属性向前遍历，即可重现由起点到目标点的路径。具体代码如代码清单 2-19 所示。

代码清单 2-19 generic_search.py（续）

```
def node_to_path(node:Node[T]) -> List[T]:
    path: List[T] = [node.state]
    # work backwards from end to front
    while node.parent is not None:
        node = node.parent
        path.append(node.state)
    path.reverse()
    return path
```

为了便于显示，如果在迷宫上标上搜索成功的路径、起点状态和目标状态，就很有意义了。若能移除一条路径以便对同一个迷宫尝试不同的搜索算法，也是很有意义的事情。因此应该在 maze.py 的 Maze 类中添加代码清单 2-20 所示的两个方法。

代码清单 2-20 maze.py（续）

```
def mark(self, path: List[MazeLocation]):
    for maze_location in path:
        self._grid[maze_location.row][maze_location.column] = Cell.PATH
    self._grid[self.start.row][self.start.column] = Cell.START
    self._grid[self.goal.row][self.goal.column] = Cell.GOAL

def clear(self, path: List[MazeLocation]):
    for maze_location in path:
        self._grid[maze_location.row][maze_location.column] = Cell.EMPTY
    self._grid[self.start.row][self.start.column] = Cell.START
    self._grid[self.goal.row][self.goal.column] = Cell.GOAL
```

本节内容有点多了，现在终于可以求解迷宫了。具体代码如代码清单 2-21 所示。

代码清单 2-21 maze.py（续）

```
if __name__ == "__main__":
    # Test DFS
    m: Maze = Maze()
```

```
    print(m)
    solution1: Optional[Node[MazeLocation]] = dfs(m.start, m.goal_test, m.successors)
    if solution1 is None:
        print("No solution found using depth-first search!")
    else:
        path1: List[MazeLocation] = node_to_path(solution1)
        m.mark(path1)
        print(m)
        m.clear(path1)
```

成功的解将类似于如下形式：

```
S****X X
 X  *****
       X*
 XX******X
  X*
  X**X
 X  *****
         *
      X  *X
         *G
```

星号代表深度优先搜索函数找到的路径，从起点至目标点。请记住，因为每一个迷宫都是随机生成的，所以并非每个迷宫都有解。

2.2.4 广度优先搜索

或许大家会注意到，用深度优先遍历找到的迷宫路径似乎有点儿不尽如人意，通常它们不是最短路径。广度优先搜索（breadth-first search，BFS）则总是会查找最短路径，它从起始状态开始由近到远，在搜索时的每次迭代中依次查找每一层节点。针对某些问题，深度优先搜索可能会比广度优先搜索更快找到解，反之亦然。因此，要在两者之间进行选择，有时就是在可能快速求解与确定找到最短路径（如果存在）之间做出权衡。图 2-5 演示了迷宫中正在进行的广度优先搜索。

深度优先搜索有时会比广度优先搜索更快地返回结果，要想理解其中的原因，不妨想象一下在洋葱的一层皮上寻找标记。采用深度优先策略的搜索者可以把小刀插入洋葱的中心并随意检查切出的块。如果标记所在的层刚好邻近切出的块，那么就有可能比采用广度优先策略的搜索者更快地找到它，广度优先策略的搜索者会费劲地每次“剥一层洋葱皮”。

为了更好地理解为什么广度优先搜索始终都会找出最短路径（如果存在的话），可以考虑一下要找到波士顿和纽约之间停靠车站数最少的火车路径。如果不断朝同一个方向前进并在遇到死路时进行回溯（如同深度优先搜索），就有可能在回到纽约之前先找到一条通往西雅图的路线。但在广度优先搜索时，首先会检查距离波士顿1站路的所有车站，然后检查距离波士顿2站路的所有车站，再检查距离波士顿3站路的所有车站，一直持续至找到纽约为止。因此在找到纽约时，就能知道已找到了车站数最少的路线，因为离波士顿较近的所有车站都已经查看过了，且其中没有纽约。

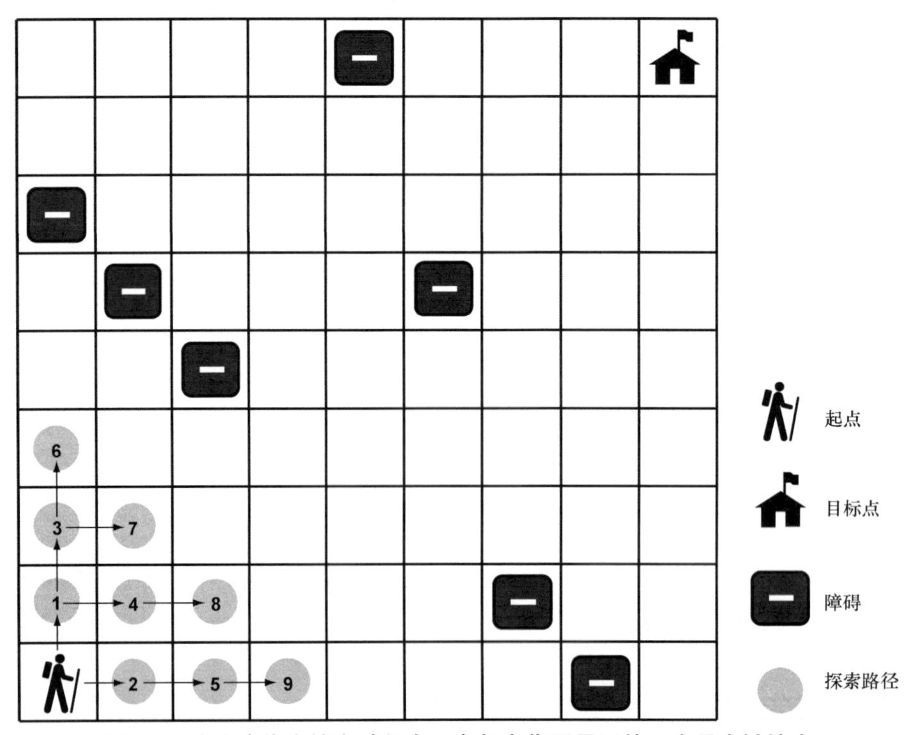

图2-5　在广度优先搜索过程中，离起点位置最近的元素最先被搜索

1. 队列

实现BFS需要用到名为队列（queue）的数据结构。栈是LIFO，而队列是FIFO（先进先出）。队列就像是排队使用洗手间的一队人。第一个进入队列的人可以先进入洗手间。队列至少具有与栈类似的push()方法和pop()方法。实际上，Queue的实现（底层由Python的deque支持）几乎与Stack的实现完全相同，只有一点儿变化，即从_container的左端而不是右端移除元素，并用deque替换了list。这里用“左”来代表底层存储结构的起始位置。左端的元素是在deque中停留时间最长的元素（依到达时间而定），所以它们是首先弹出的元素。具体代码如代码清单2-22所示。

代码清单2-22　generic_search.py（续）

```
class Queue(Generic[T]):
```

```
    def __init__(self) -> None:
         self._container: Deque[T] = Deque()

    @property
    def empty(self) -> bool:
        return not self._container  # not is true for empty container

    def push(self, item: T) -> None:
        self._container.append(item)

    def pop(self) -> T:
        return self._container.popleft()  # FIFO

    def __repr__(self) -> str:
        return repr(self._container)
```

提示 为什么 Queue 的实现要用 deque 作为其底层存储结构，而 Stack 的实现则使用 list 作为其底层存储结构呢？这与弹出数据的位置有关。在栈中，是右侧压入右侧弹出。在队列中，也是右侧压入，但是从左侧弹出。Python 的 list 数据结构从右侧弹出的效率较高，但从左侧弹出则不然。deque 则从两侧都能够高效地弹出数据。因此，在 deque 上有一个名为 popleft()的内置方法，但在 list 上则没有与其等效的方法。当然可以找到其他方法来用 list 作为队列的底层存储结构，但效率会比较低。在 deque 上从左侧弹出数据的操作复杂度为 $O(1)$，而在 list 上则为 $O(n)$。在用 list 的时候，从左侧弹出数据后，每个后续元素都必须向左移动一个位置，效率也就降低了。

2. BFS 算法

广度优先搜索的算法与深度优先搜索的算法惊人地一致，只是 frontier 由栈变成了队列。把 frontier 由栈改为队列会改变对状态进行搜索的顺序，并确保离起点状态最近的状态最先被搜索到。具体代码如代码清单 2-23 所示。

代码清单 2-23 generic_search.py（续）

```
def bfs(initial: T, goal_test: Callable[[T], bool], successors: Callable[[T], List[T]])
 -> Optional[Node[T]]:
    # frontier is where we've yet to go
    frontier: Queue[Node[T]] = Queue()
    frontier.push(Node(initial, None))
    # explored is where we've been
    explored: Set[T] = {initial}

    # keep going while there is more to explore
```

```
    while not frontier.empty:
        current_node: Node[T] = frontier.pop()
        current_state: T = current_node.state
        # if we found the goal, we're done
        if goal_test(current_state):
            return current_node
        # check where we can go next and haven't explored
        for child in successors(current_state):
            if child in explored:  # skip children we already explored
                continue
            explored.add(child)
            frontier.push(Node(child, current_node))
    return None  # went through everything and never found goal
```

运行一下 `bfs()`，就会看到它总会找到当前迷宫的最短路径。在 `if __name__ == "__main__"`部分中，在之前的测试代码后面加入代码清单 2-24 所示的语句，以便能对同一个迷宫对比两种算法的结果。

代码清单 2-24　maze.py（续）

```
# Test BFS
solution2: Optional[Node[MazeLocation]] = bfs(m.start, m.goal_test, m.successors)
if solution2 is None:
    print("No solution found using breadth-first search!")
else:
    path2: List[MazeLocation] = node_to_path(solution2)
    m.mark(path2)
    print(m)
    m.clear(path2)
```

令人惊讶的是，算法可以保持不变，只需修改其访问的数据结构即可得到完全不同的结果。以下是在之前名为 `dfs()`的同一个迷宫上调用 `bfs()`的结果。请注意，用星号标记出来的从起点到目标点的路径比上一个示例中的路径更为直接。

```
S    X X
*X
*      X
*XX      X
* X
* X  X
*X
*
```

```
*      X   X
*********G
```

2.2.5 A*搜索

给洋葱层层剥皮可能会非常耗时，广度优先搜索正是如此。和 BFS 一样，A*搜索旨在找到从起点状态到目标状态的最短路径。与以上 BFS 的实现不同，A*搜索将结合运用代价函数和启发函数，把搜索集中到最有可能快速抵达目标的路径上。

代价函数 $g(n)$ 会检查抵达指定状态的成本。在求解迷宫的场景中，成本是指之前已经走过多少步才到达当前状态。启发式信息计算函数 $h(n)$ 则给出了从当前状态到目标状态的成本估算。可以证明，如果 $h(n)$是一个*可接受的启发式信息*（admissible heuristic），那么找到的最终路径将是最优解。可接受的启发式信息永远不会高估抵达目标的成本。在二维平面上，直线距离启发式信息就是一个例子，因为直线总是最短的路径①。

到达任一状态所需的总成本为 $f(n)$，它只是合并了 $g(n)$和 $h(n)$而已。实际上，$f(n) = g(n) + h(n)$。当从 `frontier` 选取要探索的下一个状态时，A*搜索将选择 $f(n)$最低的状态，这正是它与 BFS 和 DFS 的区别。

1. 优先队列

为了在 `frontier` 上选出 $f(n)$最低的状态，A*搜索用*优先队列*（priority queue）作为存储 `frontier` 的数据结构。优先队列能使其数据元素维持某种内部顺序，以便使首先弹出的元素始终是优先级最高的元素。在本例中，优先级最高的数据项是 $f(n)$最低的那个。通常这意味着内部将会采用二叉堆，使得压入和弹出操作的复杂度均为 $O(\lg n)$。

Python 的标准库中包含了 `heappush()`函数和 `heappop()`函数，这些函数将读取一个列表并将其维护为二叉堆。用这些标准库函数构建一个很薄的封装器，即可实现一个优先队列。`PriorityQueue` 类将与 `Stack` 类和 `Queue` 类很相似，只是修改了 `push()`方法和 `pop()`方法，以便可以利用 `heappush()`和 `heappop()`。具体代码如代码清单 2-25 所示。

代码清单 2-25 generic_search.py（续）

```
class PriorityQueue(Generic[T]):
    def __init__(self) -> None:
        self._container: List[T] = []

    @property
```

① 关于启发式信息的更多信息，参见 StuartRussell 和 PeterNorvig 的《人工智能：一种现代的方法（第 3 版）》（第 94 页）。

```
    def empty(self) -> bool:
        return not self._container  # not is true for empty container

    def push(self, item: T) -> None:
        heappush(self._container, item)  # in by priority

    def pop(self) -> T:
        return heappop(self._container)  # out by priority

    def __repr__(self) -> str:
        return repr(self._container)
```

为了确定某元素相对于其他同类元素的优先级，heappush()和 heappop()用“<”操作符进行比较。这就是之前需要在Node上实现__lt__()的原因。通过查看相应的$f(n)$即可对Node进行相互比较，$f(n)$只是简单地把 cost 属性和 heuristic 属性相加而已。

2. 启发式信息

启发式信息（heuristics）是对问题解决方式的一种直觉[①]。在求解迷宫问题时，启发式信息旨在选取下一次搜索的最佳迷宫位置，最终是为了抵达目标。换句话说，这是一种有根据的猜测，猜测 frontier 上的哪些节点最接近目标位置。如前所述，如果 A*搜索采用的启发式信息能够生成相对准确的结果且为可接受的（永远不会高估距离），那么 A*将会得出最短路径。追求更短距离的启发式信息最终会导致搜索更多的状态，而追求接近实际距离（但不会高估，以免不可接受）的启发式信息搜索的状态会比较少。因此，理想的启发式信息应该是尽可能接近真实距离，而不会过分高估。

3. 欧氏距离

在几何学中，两点之间的最短路径就是直线。因此在求解迷宫问题时，直线启发式信息总是可接受的，这很有道理。由毕达哥拉斯定理推导出来的欧氏距离（Euclidean distance）表明：$d=\sqrt{((x\text{的差})^2+(y\text{的差})^2)}$。对本节的迷宫问题而言，$x$ 的差相当于两个迷宫位置的列的差，y 的差相当于行的差。请注意，要回到 maze.py 中去实现本函数。具体代码如代码清单 2-26 所示。

代码清单 2-26 maze.py（续）

```
def euclidean_distance(goal: MazeLocation) -> Callable[[MazeLocation], float]:
    def distance(ml: MazeLocation) -> float:
```

① 关于 A*搜索中的启发式算法的更多信息，参见 AmitPatel 的 *Thoughts on Pathfinding* 中的“Heuristics”一章。

```
        xdist: int = ml.column - goal.column
        ydist: int = ml.row - goal.row
        return sqrt((xdist * xdist) + (ydist * ydist))
    return distance
```

euclidean_distance()函数将返回另一个函数。类似 Python 这种支持把函数视为“一等公民”的编程语言,能够支持这种有趣的做法。distance()将获取(capture)euclidean_distance()传入的 goal MazeLocation,“获取”的意思是每次调用 distance()时,distance()都可以引用此变量(持久性)。返回的函数用到了 goal 进行计算。这种做法可以创建参数较少的函数。返回的 distance()函数只用迷宫起始位置作为参数,并持久地“看到”goal。

图 2-6 演示了网格环境(如同曼哈顿的街道)下的欧氏距离。

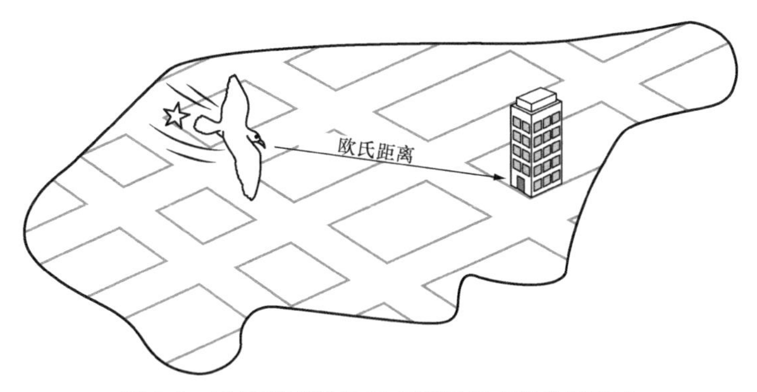

图 2-6 欧氏距离是从起点到目标点的直线距离

4. 曼哈顿距离

欧氏距离非常有用,但对于此处的问题(只能朝 4 个方向中的一个方向移动的迷宫),我们还可以处理得更好。曼哈顿距离(Manhattan distance)源自在曼哈顿的街道上行走,曼哈顿是纽约最著名的行政区,以网格模式分布。要从曼哈顿的任一地点到另一地点,需要走过一定数量的横向街区和纵向街区(曼哈顿几乎不存在对角线的街道)。所谓曼哈顿距离,其实就是获得两个迷宫位置之间的行数差,并将其与列数差相加而得到。图 2-7 演示了曼哈顿距离。

具体代码如代码清单 2-27 所示。

代码清单 2-27 maze.py(续)

```
def manhattan_distance(goal: MazeLocation) -> Callable[[MazeLocation], float]:
    def distance(ml: MazeLocation) -> float:
        xdist: int = abs(ml.column - goal.column)
        ydist: int = abs(ml.row - goal.row)
        return (xdist + ydist)
    return distance
```

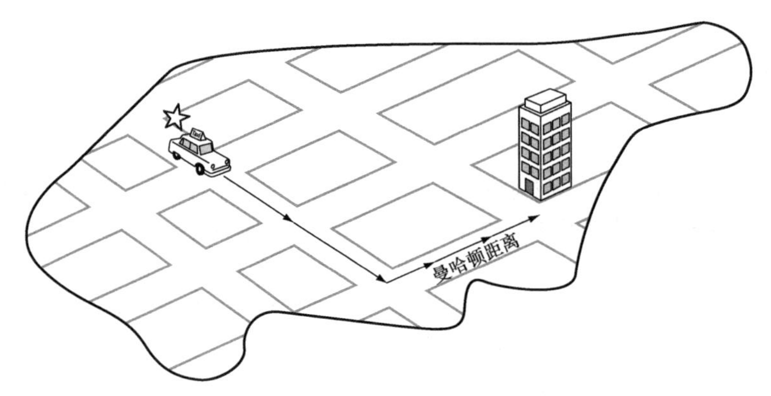

图 2-7　曼哈顿距离不涉及对角线。路径必须沿着水平线或垂直线前进

因为这种启发式信息能够更准确地契合在迷宫中移动的实际情况（沿垂直和水平方向移动而不是沿对角线移动），所以它比欧氏距离更为接近从迷宫某位置到目标位置的实际距离。因此，如果 A*搜索与曼哈顿距离组合使用，其遍历的迷宫状态就会比 A*搜索与欧氏距离的组合要遍历的迷宫状态要少一些。结果路径仍会是最优解，因为对于在其中仅允许朝 4 种方向移动的迷宫而言，曼哈顿距离是可接受的（永远不会高估距离）。

5．A*算法

从 BFS 转为 A*搜索，需要进行一些小的改动。第 1 处改动是把 frontier 从队列改为优先队列，这样 frontier 就会弹出 $f(n)$最低的节点。第 2 处改动是把已探索的状态集改为字典类型。用了字典将能跟踪记录每一个可能被访问节点的最低成本（$g(n)$）。用了启发函数后，如果启发计算结果不一致，则某些节点可能会被访问两次。如果在新的方向上找到节点的成本比按之前的路线访问的成本要低，我们将会采用新的路线。

为简单起见，函数 astar()没有把代价函数用作参数，而只是把在迷宫中的每一跳的成本简单地视为 1。每个新 Node 都被赋予了由此简单公式算出的成本值，以及由作为参数传给搜索函数 heuristic()的新函数计算出来的启发分值。除这些改动之外，astar()与 bfs()极其相似，不妨将它们放在一起做一个比较。具体代码如代码清单 2-28 所示。

代码清单 2-28　generic_search.py（续）

```
def astar(initial: T, goal_test: Callable[[T], bool], successors: Callable[[T],
 List[T]], heuristic: Callable[[T], float]) -> Optional[Node[T]]:
    # frontier is where we've yet to go
    frontier: PriorityQueue[Node[T]] = PriorityQueue()
    frontier.push(Node(initial, None, 0.0, heuristic(initial)))
    # explored is where we've been
    explored: Dict[T, float] = {initial: 0.0}
```

```
    # keep going while there is more to explore
    while not frontier.empty:
        current_node: Node[T] = frontier.pop()
        current_state: T = current_node.state
        # if we found the goal, we're done
        if goal_test(current_state):
            return current_node
        # check where we can go next and haven't explored
        for child in successors(current_state):
            # 1 assumes a grid, need a cost function for more sophisticated apps
            new_cost: float = current_node.cost + 1
            if child not in explored or explored[child] > new_cost:
                explored[child] = new_cost
                frontier.push(Node(child, current_node, new_cost, heuristic(child)))
    return None  # went through everything and never found goal
```

恭喜。到这里为止，不仅迷宫问题的解法介绍完毕，还介绍了一些可供多种不同搜索应用程序使用的通用搜索函数。DFS 和 BFS 适用于小型的数据集和状态空间，这种情况下的性能并没那么重要。在某些情况下，DFS 的性能会优于 BFS，但 BFS 的优势是始终能提供最佳的路径。有趣的是，BFS 和 DFS 的实现代码是一样的，差别仅仅是不用栈而用了队列。稍微复杂一点的 A*搜索算法会与高质量、保证一致性、可接受的启发式信息组合，不仅可以提供最佳路径，而且性能也远远优于 BFS。因为这 3 个函数都是以通用方式实现的，所以只需要一句 `import generic_search` 即可让几乎所有搜索空间都能使用它们。

下面用 maze.py 测试部分中的同一个迷宫对 `astar()` 进行测试,具体代码如代码清单 2-29 所示。

代码清单 2-29　maze.py（续）

```
# Test A*
distance: Callable[[MazeLocation], float] = manhattan_distance(m.goal)
solution3: Optional[Node[MazeLocation]] = astar(m.start, m.goal_test, m.successors,
 distance)
if solution3 is None:
    print("No solution found using A*!")
else:
    path3: List[MazeLocation] = node_to_path(solution3)
    m.mark(path3)
    print(m)
```

有趣的是，即便 `bfs()` 和 `astar()` 都找到了最佳路径（长度相等），以下的 `astar()` 输出与 `bfs()` 也略有不同。因为有了启发式信息，`astar()` 立即由对角线走向了目标位置。最终它搜索的状态将比 `bfs()` 更少，从而拥有更高的性能。如果想自行证明这一点，请为每个状态添加计数器。

```
S**  X X
 X**
   *   X
 XX*     X
  X*
  X**X
 X  ****
       *
     X * X
       **G
```

2.3　传教士和食人族

3 名传教士和 3 名食人族在河的西岸。他们有一条可以容纳 2 人的独木舟，且他们都必须渡到河东岸去。河两岸都不允许食人族的人数比传教士的人数多，否则食人族就会吃掉传教士。此外，为了渡河，独木舟上至少得有 1 个人。这些人以什么顺序渡河才能成功地使所有人都渡到河对岸去呢？图 2-8 描绘了本问题的场景。

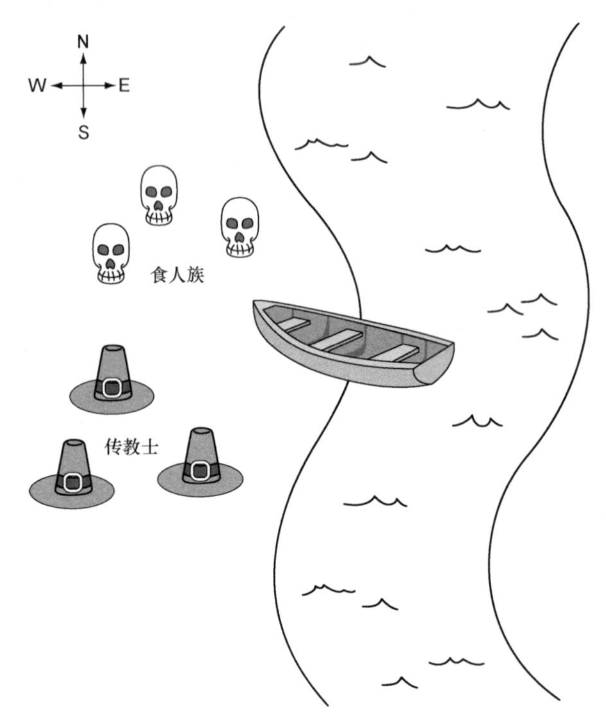

图 2-8　传教士和食人族必须用一条独木舟从河西渡到河东。如果食人族的人数超过传教士的人数，食人族就会吃掉传教士

2.3.1 表达问题

这里将通过一个记录西岸情况的数据结构将问题表达出来。西岸有多少名传教士和食人族？独木舟在西岸吗？只要有了西岸的情况，就可以计算出东岸的情况了，因为人不在西岸就在东岸。

首先要创建一个助手变量，便于记录传教士或食人族的最多人数。然后将定义主类。具体代码如代码清单 2-30 所示。

代码清单 2-30 missionaries.py

```
from __future__ import annotations
from typing import List, Optional
from generic_search import bfs, Node, node_to_path

MAX_NUM: int = 3

class MCState:
    def __init__(self, missionaries: int, cannibals: int, boat: bool) -> None:
        self.wm: int = missionaries # west bank missionaries
        self.wc: int = cannibals # west bank cannibals
        self.em: int = MAX_NUM - self.wm  # east bank missionaries
        self.ec: int = MAX_NUM - self.wc  # east bank cannibals
        self.boat: bool = boat

    def __str__(self) -> str:
        return ("On the west bank there are {} missionaries and {} cannibals.\n"
                "On the east bank there are {} missionaries and {} cannibals.\n"
                "The boat is on the {} bank.")\
         .format(self.wm, self.wc, self.em, self.ec, ("west" if self.boat else "east"))
```

类 MCState 依据西岸的传教士和食人族的数量、独木舟的位置进行初始化。它还知道如何把自己美观地打印出来，这在以后显示问题的解时会很有用。

如果在现有的搜索函数范围内使用该函数，就意味着必须定义一个函数用于测试某个状态是否就是目标状态，并定义另一个函数用于从任一状态查找后续步骤。正如求解迷宫问题一样，测试目标的函数相当简单。这里的目标就是到达一种满足条件的状态，即所有传教士和食人族都到达了东岸。测试目标的函数将作为 MCState 的方法加入。具体代码如代码清单 2-31 所示。

代码清单 2-31 missionaries.py（续）

```
def goal_test(self) -> bool:
    return self.is_legal and self.em == MAX_NUM and self.ec == MAX_NUM
```

为了创建查找后续步骤的函数，必须遍历从西岸到东岸的所有可能的移动步骤，并检查每一步移动是否会生成满足条件的状态。回想一下，满足条件的状态就是食人族的人数在两岸都没有超过传教士的人数。为了检测这一点，可以定义一个助手属性（作为 MCState 的方法）检查状态是否满足条件。具体代码如代码清单 2-32 所示。

代码清单 2-32 missionaries.py（续）

```
@property
def is_legal(self) -> bool:
    if self.wm < self.wc and self.wm > 0:
        return False
    if self.em < self.ec and self.em > 0:
        return False
    return True
```

为了表达清楚，实际的 successors 函数有点儿啰唆。它从独木舟所在的河岸出发，将尝试加入所有可能的 1 人或 2 人的过河组合。一旦所有可能的移动方案全部添加完毕，该函数就会通过列表推导式（list comprehension）过滤出确实满足条件的解。此函数还是属于 MCState 的一个方法。具体代码如代码清单 2-33 所示。

代码清单 2-33 missionaries.py（续）

```
def successors(self) -> List[MCState]:
    sucs: List[MCState] = []
    if self.boat: # boat on west bank
        if self.wm > 1:
            sucs.append(MCState(self.wm - 2, self.wc, not self.boat))
        if self.wm > 0:
            sucs.append(MCState(self.wm - 1, self.wc, not self.boat))
        if self.wc > 1:
            sucs.append(MCState(self.wm, self.wc - 2, not self.boat))
        if self.wc > 0:
            sucs.append(MCState(self.wm, self.wc - 1, not self.boat))
        if (self.wc > 0) and (self.wm > 0):
            sucs.append(MCState(self.wm - 1, self.wc - 1, not self.boat))
    else: # boat on east bank
        if self.em > 1:
            sucs.append(MCState(self.wm + 2, self.wc, not self.boat))
        if self.em > 0:
            sucs.append(MCState(self.wm + 1, self.wc, not self.boat))
        if self.ec > 1:
            sucs.append(MCState(self.wm, self.wc + 2, not self.boat))
```

```
        if self.ec > 0:
            sucs.append(MCState(self.wm, self.wc + 1, not self.boat))
        if (self.ec > 0) and (self.em > 0):
            sucs.append(MCState(self.wm + 1, self.wc + 1, not self.boat))
    return [x for x in sucs if x.is_legal]
```

2.3.2 求解

现在万事俱备了。回想一下，当用搜索函数 bfs()、dfs()和 astar()求解问题时，返回的是一个 Node，最后会用 node_to_path()将其转换为导出解法的状态列表。对求解传教士和食人族问题而言，我们还需要一种方案将这个列表转换为能打印出来供人理解的一系列步骤。

函数 display_solution()将解题步骤转换为打印输出——可供阅读的解法。它的工作原理是记录最终状态的同时迭代遍历解题步骤中的所有状态。它会查看最终状态与当前正在迭代状态之间的差异，以找出每次渡河的传教士和食人族的人数及其方向。具体代码如代码清单 2-34 所示。

代码清单 2-34 missionaries.py（续）

```
def display_solution(path: List[MCState]):
    if len(path) == 0: # sanity check
        return
    old_state: MCState = path[0]
    print(old_state)
    for current_state in path[1:]:
        if current_state.boat:
            print("{} missionaries and {} cannibals moved from the east bank to the
                   west bank.\n"
            .format(old_state.em - current_state.em, old_state.ec - current_state.ec))
        else:
            print("{} missionaries and {} cannibals moved from the west bank to the
                  east bank.\n"
            .format(old_state.wm - current_state.wm, old_state.wc - current_state.wc))
        print(current_state)
        old_state = current_state
```

MCState 知道如何用__str__()来美观地打印出对其自身的总结，display_solution()函数充分利用了这一事实。

最后一件需要完成的事情就是解决传教士和食人族问题。因为我们已经实现了一些通用的搜索函数，所以只要顺手复用一下这些函数就可解出了。本方案将采用 bfs()，因为 dfs()需要把值相同而引用不同的状态都标记为相等状态，而 astar()需要启发式信息。具体代码如代码清单 2-35 所示。

代码清单 2-35　missionaries.py（续）

```
if __name__ == "__main__":
    start: MCState = MCState(MAX_NUM, MAX_NUM, True)
    solution: Optional[Node[MCState]] = bfs(start, MCState.goal_test, MCState.successors)
    if solution is None:
        print("No solution found!")
    else:
        path: List[MCState] = node_to_path(solution)
        display_solution(path)
```

很高兴看到通用的搜索函数使用起来如此地灵活，能轻松地适用于多种问题的求解。输出结果应该类似于如下所示（有删节）：

```
On the west bank there are 3 missionaries and 3 cannibals.
On the east bank there are 0 missionaries and 0 cannibals.
The boast is on the west bank.
0 missionaries and 2 cannibals moved from the west bank to the east bank.

On the west bank there are 3 missionaries and 1 cannibals.
On the east bank there are 0 missionaries and 2 cannibals.
The boast is on the east bank.
0 missionaries and 1 cannibals moved from the east bank to the west bank.
...
On the west bank there are 0 missionaries and 0 cannibals.
On the east bank there are 3 missionaries and 3 cannibals.
The boast is on the east bank.
```

2.4　现实世界的应用

在所有实用软件中，搜索算法都在发挥着作用。某些场合中搜索算法正是核心内容（谷歌搜索、Spotlight、Lucene），在其他场合中它是运用底层数据存储结构的基础。对于某个数据结构应选用正确的搜索算法，了解这一点对于提高性能至关重要。例如，在已排序的数据结构上使用线性搜索而不用二分搜索，其代价就会十分高昂。

A*是部署最为广泛的路径搜索算法之一。只有那些对搜索空间进行预计算的算法，才能击败 A*算法。在盲搜（blind search）的情况下，A*算法在所有场景中都还没有被确实击败过，这使得它无论在路线规划中还是在查找解析编程语言的最短路径中都成为一种必备组件。大多数导航类地图软件（如谷歌地图）都使用 Dijkstra 算法（A*是其变体）进行导航。第 4 章中有关于

Dijkstra 算法的更多信息。在没有人为干预的情况下，如果游戏中的 AI 角色要查找从世界的一端到另一端的最短路径，那么它可能会使用 A*算法。

更为复杂的搜索算法往往是以广度优先搜索和深度优先搜索为基础的，如一致代价（uniform-cost）搜索和回溯搜索（第 3 章中将会介绍）。广度优先搜索技术通常足以应对在小规模图中查找最短路径，但由于它和 A*很相似，因此如果大规模图具备良好的启发式信息，则切换为 A*也很容易。

2.5　习题

1. 请创建包含 100 万个数的列表，用本章定义的 `linear_contains()`和 `binary_contains()`函数分别在该列表中查找多个数并计时，以演示二分搜索相对于线性搜索的性能优势。
2. 给 `dfs()`、`bfs()`和 `astar()`添加计数器，以便查看它们对同一迷宫进行搜索时遍历的状态数量。请针对 100 个不同的迷宫进行搜索并计数，以获得统计学上有效的结论。
3. 多求解几种不同初始人数的传教士和食人族问题。提示：可能需要覆盖 `MCState` 的`__eq__()`方法和`__hash__()`方法。

第 3 章　约束满足问题

很多要用计算工具来解决的问题基本都可归类为约束满足问题（constraint-satisfaction problem，CSP）。CSP 由一组变量构成，变量可能的取值范围被称为值域（domain）。要求解约束满足问题需要满足变量之间的约束。变量、值域和约束这 3 个核心概念很容易理解，它们的通用性决定了其对于求解约束满足问题的广泛适用性。

考虑一个示例。假设要安排 Joe、Mary 和 Sue 参加周五的会议。Sue 至少得和另一个人一起参会。在此日程安排问题中，Joe、Mary 和 Sue 这 3 个人可以是变量。每个变量的值域可以是他们各自的可用时间。例如，变量 Mary 的值域包括下午 2 点、下午 3 点和下午 4 点。此问题还有两个约束，其中一个是 Sue 必须参会，另一个是至少得有两个人参会。因此我们将为本约束满足问题的求解程序提供 3 个变量、3 个值域和 2 个约束，且该求解程序无须用户精确说明做法就能解决问题。图 3-1 展示了这一示例。

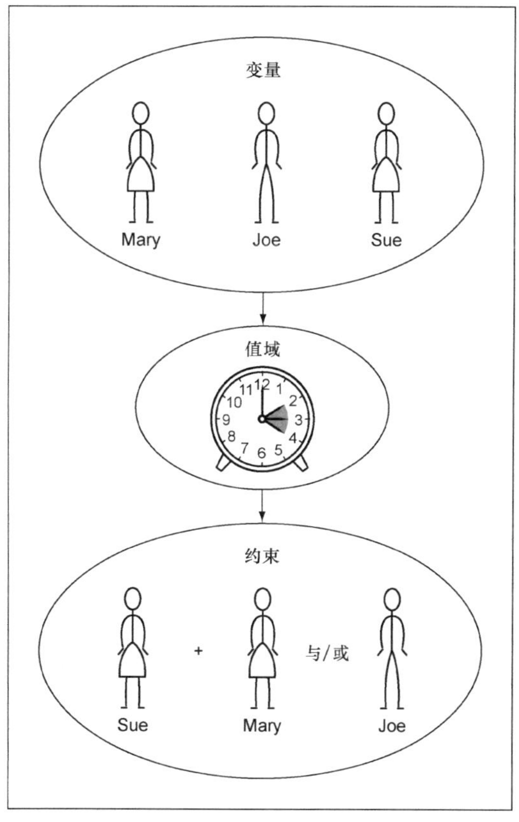

图 3-1　日程安排问题是约束满足框架的经典应用

类似 Prolog 和 Picat 这样的编程语言已经内置了解决约束满足问题的工具。其他语言中的常用技术是构建一个由回溯搜索和几种启发式信息组合而成的框架，加入启发式信息是为了提高搜索的性能。本章首先会构建一个 CSP 框架，将采用简单的递归回溯搜索法来求解约束满足问题，然后将使用该框架来解决几个不同的示例问题。

3.1 构建约束满足问题的解决框架

约束将用 `Constraint` 类来定义。每个 `Constraint` 包括受其约束的变量 `variables`，以及检查是否满足条件的 `satisfied()` 方法。确定是否满足约束是开始定义某个约束满足问题所需的主要逻辑。`satisfied()` 的默认实现代码应该被重写（overridden），其实也必须如此，因为 `Constraint` 类将被定义为抽象基类。抽象基类本来就不是注定要被实例化的，只有重写并实现了`@abstractmethods` 的抽象基类的子类才能用于实际应用。具体代码如代码清单 3-1 所示。

代码清单 3-1 csp.py

```python
from typing import Generic, TypeVar, Dict, List, Optional
from abc import ABC, abstractmethod

V = TypeVar('V') # variable type
D = TypeVar('D') # domain type

# Base class for all constraints
class Constraint(Generic[V, D], ABC):
    # The variables that the constraint is between
    def __init__(self, variables: List[V]) -> None:
        self.variables = variables

    # Must be overridden by subclasses
    @abstractmethod
    def satisfied(self, assignment: Dict[V, D]) -> bool:
        ...
```

提示 抽象基类在类的层次结构中充当着模板的作用。在其他语言（如 C++）中，它们作为面向用户的特性，比在 Python 中应用更为普遍。实际上，抽象基类是在 Python 发展的中途才被引入 Python 的。话虽如此，Python 标准库中的许多集合（collection）类都是通过抽象基类实现的。一般建议不要在自己的代码中使用抽象基类，除非确定要构建的框架不仅仅是供内部使用的类架构，而是要作为供其他人构建的基础。要获得更多信息，请参阅 Luciano Ramalho 的《流畅的 Python》（*Fluent Python*）的第 11 章（O'Reilly，2015）。

该约束满足框架的核心将是一个名为 `CSP` 的类。`CSP` 是变量、值域和约束的汇集点，其类型提示用到了泛型以使其保持足够的灵活性，从而能处理任意类型的变量和域值（键 `V` 和域值 `D`）。

在CSP中，集合variables、domains和constraints可以是你期望的任意类型。variables集合是变量的list，domains是把变量映射为可取值的列表（这些变量的值域）的dict类型，而constraints则是把每个变量映射为其所受约束的list的dict类型。具体代码如代码清单3-2所示。

代码清单 3-2 csp.py（续）

```
# A constraint satisfaction problem consists of variables of type V
# that have ranges of values known as domains of type D and constraints
# that determine whether a particular variable's domain selection is valid
class CSP(Generic[V, D]):
    def __init__(self, variables: List[V], domains: Dict[V, List[D]]) -> None:
        self.variables: List[V] = variables # variables to be constrained
        self.domains: Dict[V, List[D]] = domains # domain of each variable
        self.constraints: Dict[V, List[Constraint[V, D]]] = {}
        for variable in self.variables:
            self.constraints[variable] = []
            if variable not in self.domains:
                raise LookupError("Every variable should have a domain assigned to it.")
    def add_constraint(self, constraint: Constraint[V, D]) -> None:
        for variable in constraint.variables:
            if variable not in self.variables:
                 raise LookupError("Variable in constraint not in CSP")
            else:
                 self.constraints[variable].append(constraint)
```

__init__()初始化方法中将会创建dict类型的constraints。add_constraint()方法会遍历给定约束涉及的所有变量，并将其这一约束添加到每个变量的constraints映射中去。这两个方法都带有一些基本的错误检查代码，如果variables缺少值域或者constraints用到了不存在的变量，都将会引发异常。

如何判断给定的变量配置和所选域值是否满足约束呢？这个给定的变量配置被称为“赋值”。我们需要一个函数能根据某种赋值检查给定变量的每个约束，以查看该赋值中的变量值是否满足约束。代码清单3-3中将实现consistent()函数，其为CSP的一个方法。

代码清单 3-3 csp.py（续）

```
# Check if the value assignment is consistent by checking all constraints
# for the given variable against it
def consistent(self, variable: V, assignment: Dict[V, D]) -> bool:
    for constraint in self.constraints[variable]:
        if not constraint.satisfied(assignment):
```

```
            return False
    return True
```

consistent()将遍历给定变量（一定是刚刚加入到赋值中的变量）的每个约束，并检查新的赋值是否满足约束。如果该赋值满足全部约束，则返回 True。只要施加于变量的约束中有一条不满足，就返回 False。

本约束满足框架将使用简单的回溯搜索来找到问题的解。回溯的思路如下：一旦在搜索中碰到障碍，就会回到碰到障碍之前最后一次做出判断的已知点，然后选择其他的一条路径。如果你觉得这看起来像是第 2 章中的深度优先搜索，那么你真是很敏锐。在代码清单 3-4 中，backtracking_search()函数实现的回溯搜索正是一种递归式深度优先搜索，它结合了第 1 章和第 2 章中介绍的思路。该函数将作为方法加入 CSP 类。

代码清单 3-4 csp.py（续）

```
def backtracking_search(self, assignment: Dict[V, D] = {}) -> Optional[Dict[V, D]]:
    # assignment is complete if every variable is assigned (our base case)
    if len(assignment) == len(self.variables):
        return assignment

    # get all variables in the CSP but not in the assignment
    unassigned: List[V] = [v for v in self.variables if v not in assignment]

    # get the every possible domain value of the first unassigned variable
    first: V = unassigned[0]
    for value in self.domains[first]:
        local_assignment = assignment.copy()
        local_assignment[first] = value
        # if we're still consistent, we recurse (continue)
        if self.consistent(first, local_assignment):
            result: Optional[Dict[V, D]] = self.backtracking_search(local_assignment)
            # if we didn't find the result, we will end up backtracking
            if result is not None:
                return result
    return None
```

下面来逐行过一遍 backtracking_search()函数。

```
if len(assignment) == len(self.variables):
    return assignment
```

递归搜索的基线条件是为每个变量都找到满足条件的赋值，一旦找到就会返回满足条件的解的第一个实例，而不会继续搜索下去。

```
unassigned: List[V] = [v for v in self.variables if v not in assignment] first: V
= unassigned[0]
```

为了选出一个新变量来探索其值域，只需遍历所有变量并找出第一个未赋值的变量。为此，我们用列表推导式为在 self.variables 中但不在 assignment 中的变量创建一个变量 list，并将其命名为 unassigned，然后取出 unassigned 中的第一个值。

```
for value in self.domains[first]:
    local_assignment = assignment.copy()
    local_assignment[first] = value
```

我们尝试为该变量赋予所有可能的域值，每次只赋一个。新的赋值都存储在名为 local_assignment 的局部字典中。

```
if self.consistent(first, local_assignment):
    result: Optional[Dict[V, D]] = self.backtracking_search(local_assignment)
    if result is not None:
        return result
```

如果 local_assignment 中的新赋值满足所有约束（即 consistent()检查的内容），我们就会用新赋值继续进行递归搜索。如果新赋值已涵盖了全体变量（基线条件），那么我们就会把新赋值返回到递归调用链中去。

```
    return None  # no solution
```

如果已经对某变量遍历了每一种可能的域值，并且用现有的一组赋值没有找到解，就返回 None，表示该问题无解。这会导致递归调用链回溯到之前成功做出上一次赋值的位置。

3.2 澳大利亚地图着色问题

请想象有一张澳大利亚地图，希望按州/属地（统称为“地区”）进行着色。不允许两个相邻的地区共用一种颜色。请问你能只用 3 种不同的颜色为所有地区进行着色吗？

答案是肯定的。不妨自行尝试一下。最简单的做法是打印一张白色背景的澳大利亚地图。人们可以通过检查和少量的反复试错来快速求解。对之前的回溯式约束满足问题求解程序而言，这只是一个小问题，拿来初试牛刀太合适不过了。该地图着色问题如图 3-2 所示。

要将地图着色问题建模为 CSP，需要定义变量、值域和约束。变量是澳大利亚的 7 个地区（至少这里仅限于这 7 个地区）：Western Australia、Northern Territory、South Australia、Queensland、New South Wales、Victoria 和 Tasmania。在此 CSP 中可以用字符串进行建模。每个变量的值域是可供赋值的 3 种颜色，这里将用到红色、绿色和蓝色。约束是比较棘手的部分。由于不允许对两个相邻地区用相同颜色进行着色，因此约束将取决于有哪些地区是彼此相邻的。这里可以采用二元约束（两个变量间的约束）。共用边界的两个地区也将共用一条二元约束，表示不能给它们赋予相同的颜色。

图 3-2　在澳大利亚地图着色问题的解里，不允许有相邻地区同色

要在代码中实现这些二元约束，需要子类化 Constraint 类。MapColoringConstraint 子类的构造函数需要给出两个变量，即共用边界的两个地区，其重写的 satisfied() 方法将首先检查两个地区是否赋有域值（颜色）。如果其中任何一个地区都没有域值，那么在获得域值之前，约束都能轻松得以满足，因为如果其中一个地区还没有颜色，就不可能发生冲突。然后该方法将检查两个地区是否被赋予了相同的颜色。显然，如果颜色相同就存在冲突，意味着不满足约束。

代码清单 3-5 将给出完整的 MapColoringConstraint 类，其本身在类型提示方面不是泛型化的，但它是泛型类 Constraint 的参数化版本的子类，标明了变量和值域都是 str 类型。

代码清单 3-5　map_coloring.py

```
from csp import Constraint, CSP
from typing import Dict, List, Optional
```

```python
class MapColoringConstraint(Constraint[str, str]):
    def __init__(self, place1: str, place2: str) -> None:
        super().__init__([place1, place2])
        self.place1: str = place1
        self.place2: str = place2

    def satisfied(self, assignment: Dict[str, str]) -> bool:
        # If either place is not in the assignment, then it is not
        # yet possible for their colors to be conflicting
        if self.place1 not in assignment or self.place2 not in assignment:
            return True
        # check the color assigned to place1 is not the same as the
        # color assigned to place2
        return assignment[self.place1] != assignment[self.place2]
```

提示 有时会用 super() 调用超类的方法，但也可以使用类本身的名称来调用，正如 Constraint.__init__([place1, place2])。在处理多重继承时，这种用法特别有用，因为这样对于要调用哪个超类的方法非常明了。

现在对于地区之间的约束有实现方案了，因而用 CSP 求解程序表现澳大利亚地图着色问题就简单了，只需填入值域和变量，再添加约束即可。具体代码如代码清单 3-6 所示。

代码清单 3-6 map_coloring.py（续）

```python
if __name__ == "__main__":
    variables: List[str] = ["Western Australia", "Northern Territory", "South Australia",
     "Queensland", "New South Wales", "Victoria", "Tasmania"]
    domains: Dict[str, List[str]] = {}
    for variable in variables:
        domains[variable] = ["red", "green", "blue"]
    csp: CSP[str, str] = CSP(variables, domains)
    csp.add_constraint(MapColoringConstraint("Western Australia", "Northern Territory"))
    csp.add_constraint(MapColoringConstraint("Western Australia", "South Australia"))
    csp.add_constraint(MapColoringConstraint("South Australia", "Northern Territory"))
    csp.add_constraint(MapColoringConstraint("Queensland", "Northern Territory"))
    csp.add_constraint(MapColoringConstraint("Queensland", "South Australia"))
    csp.add_constraint(MapColoringConstraint("Queensland", "New South Wales"))
    csp.add_constraint(MapColoringConstraint("New South Wales", "South Australia"))
    csp.add_constraint(MapColoringConstraint("Victoria", "South Australia"))
    csp.add_constraint(MapColoringConstraint("Victoria", "New South Wales"))
    csp.add_constraint(MapColoringConstraint("Victoria", "Tasmania"))
```

最后，调用 backtracking_search() 求出一个解。具体代码如代码清单 3-7 所示。

代码清单 3-7 map_coloring.py（续）

```
solution: Optional[Dict[str, str]] = csp.backtracking_search()
if solution is None:
    print("No solution found!")
else:
    print(solution)
```

一个正确的解将会包含每个地区的赋值颜色。

```
{'Western Australia': 'red', 'Northern Territory': 'green', 'South Australia':
   'blue', 'Queensland': 'red', 'New South Wales': 'green', 'Victoria': 'red',
   'Tasmania': 'green'}
```

3.3 八皇后问题

棋盘是 8×8 的正方形网格。皇后是可以在棋盘上沿任何行、列或对角线移动任意个格子的棋子。每次移动时，皇后会攻击其他的某个棋子，它能移动到该棋子所在的格子但不会越过任何其他棋子。换句话说，如果有其他棋子在皇后的视线范围内，它就会受到攻击。八皇后问题提出，如何在不发生相互攻击的情况下将 8 个皇后放在棋盘上，如图 3-3 所示。

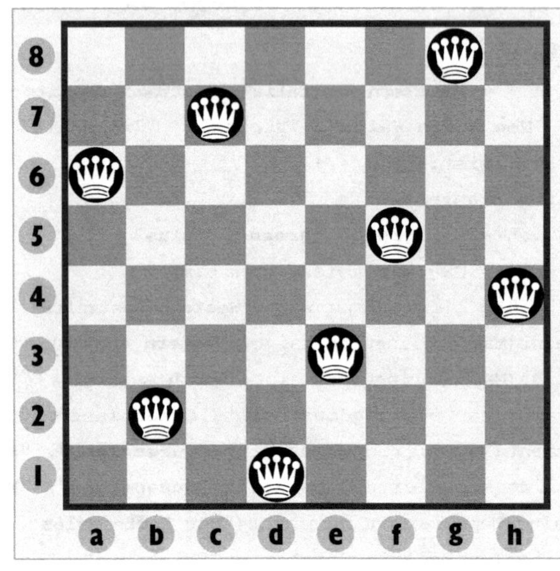

图 3-3 在八皇后问题的解（解有很多）中，两个皇后间不能相互构成威胁

为了表示棋盘上的格子，我们将为每个格子赋予整数的行号和列号。只要简单地按顺序从第 1 列到第 8 列赋值（图 3-3 中用 a ~ h 表示），即可确保 8 个皇后中的每一个都不在同一列上。不妨将此约束满足问题中的变量设为皇后所在的列号。值域则可以是摆放皇后的可能的行号（同样也是从 1 到 8）。代码清单 3-8 展示了源码文件的最后部分，其中定义了这些变量和值域。

代码清单 3-8　queens.py

```
if __name__ == "__main__":
    columns: List[int] = [1, 2, 3, 4, 5, 6, 7, 8]
    rows: Dict[int, List[int]] = {}
    for column in columns:
        rows[column] = [1, 2, 3, 4, 5, 6, 7, 8]
    csp: CSP[int, int] = CSP(columns, rows)
```

为了解决八皇后问题，我们需要有一个约束来检查任意两个皇后是否位于同一行或同一对角线上。（一开始它们已经都被赋予了不同的列号。）检查它们是否位于同一行十分简单，但检查它们是否位于同一条对角线则需用到一点点数学知识。如果任意两个皇后位于同一条对角线上，则它们所在的行差将与列差相同。你能在 `QueensConstraint` 中找出进行上述检查的代码吗？注意，代码清单 3-9 所示的代码位于源码文件的开始部分。

代码清单 3-9　queens.py（续）

```
from csp import Constraint, CSP
from typing import Dict, List, Optional

class QueensConstraint(Constraint[int, int]):
    def __init__(self, columns: List[int]) -> None:
        super().__init__(columns)
        self.columns: List[int] = columns

    def satisfied(self, assignment: Dict[int, int]) -> bool:
        # q1c = queen 1 column, q1r = queen 1 row
        for q1c, q1r in assignment.items():
        # q2c = queen 2 column
            for q2c in range(q1c + 1, len(self.columns) + 1):
                if q2c in assignment:
                    q2r: int = assignment[q2c] # q2r = queen 2 row
                    if q1r == q2r: # same row?
                        return False
                    if abs(q1r - q2r) == abs(q1c - q2c): # same diagonal?
```

```
                return False
        return True # no conflict
```

剩下的工作就是加入约束并运行搜索了。现在回到源码文件的底部，如代码清单 3-10 所示。

代码清单 3-10 queens.py（续）

```
csp.add_constraint(QueensConstraint(columns))
solution: Optional[Dict[int, int]] = csp.backtracking_search()
if solution is None:
    print("No solution found!")
else:
    print(solution)
```

注意，为地图着色构建的约束满足问题的求解框架复用起来十分轻松，可用于解决类型完全不同的问题，这正是编写通用型代码的威力！除非是为了优化特定应用程序的性能而需要进行特别处理，否则算法就应以尽可能广泛适用的方式来实现。

正确解将为每个皇后都赋予行号和列号。

```
{1: 1, 2: 5, 3: 8, 4: 6, 5: 3, 6: 7, 7: 2, 8: 4}
```

3.4 单词搜索

单词搜索问题是一个填满了字母的网格，沿着行、列和对角线隐藏着一些单词。单词搜索问题的玩家要通过仔细扫描网格来找到隐藏的单词。找到位置放置这些单词使其正好能填入网格，这就是一种约束满足问题。变量就是单词，值域则是这些单词可能的位置。单词搜索问题如图 3-4 所示。

为方便起见，这里的单词搜索问题将不包含重叠的单词。不妨作为习题对问题进行改进，以允许单词重叠。

这个单词搜索问题的网格与第 2 章的迷宫有点儿类似。代码清单 3-11 中有一些数据类型应该看起来很眼熟。

代码清单 3-11 word_search.py

```
from typing import NamedTuple, List, Dict, Optional
from random import choice
from string import ascii_uppercase
from csp import CSP, Constraint

Grid = List[List[str]]  # type alias for grids
```

```
class GridLocation(NamedTuple):
    row: int
    column: int
```

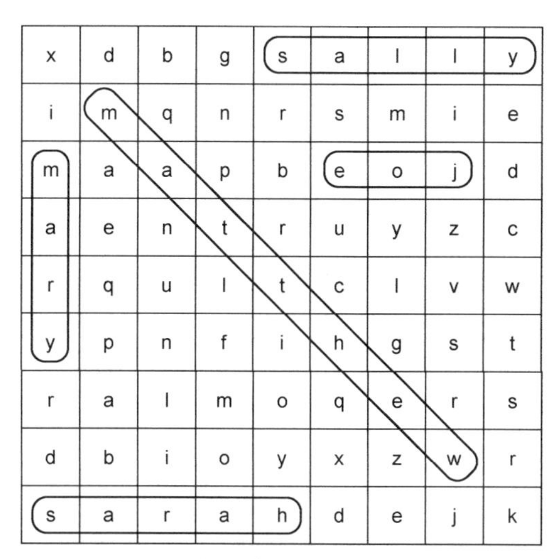

图 3-4　经典的单词搜索问题可能出现在儿童益智图书中

一开始我们将用英文字母（ascii_uppercase）填充网格，还需要一个显示网格的函数。具体代码如代码清单 3-12 所示。

代码清单 3-12　word_search.py（续）

```
def generate_grid(rows: int, columns: int) -> Grid:
    # initialize grid with random letters
    return [[choice(ascii_uppercase) for c in range(columns)] for r in range(rows)]


def display_grid(grid: Grid) -> None:
    for row in grid:
        print("".join(row))
```

为了将单词在网格中的位置标识出来，需要生成其值域。单词的值域是其全部字母可能放置的位置的列表的列表（List[List[GridLocation]]）。但是，单词不能任意放置，它们必须位于网格范围内的行、列或对角线上。换句话说，单词长度不能超过网格的边界。generate_domain()的目标就是为每个单词创建这些列表。具体代码如代码清单 3-13 所示。

代码清单 3-13　word_search.py（续）

```
def generate_domain(word: str, grid: Grid) -> List[List[GridLocation]]:
   domain: List[List[GridLocation]] = []
```

```
        height: int = len(grid)
        width: int = len(grid[0])
        length: int = len(word)
        for row in range(height):
            for col in range(width):
                columns: range = range(col, col + length + 1)
                rows: range = range(row, row + length + 1)
                if col + length <= width:
                    # left to right
                    domain.append([GridLocation(row, c) for c in columns])
                    # diagonal towards bottom right
                    if row + length <= height:
                        domain.append([GridLocation(r, col + (r - row)) for r in rows])
                if row + length <= height:
                    # top to bottom
                    domain.append([GridLocation(r, col) for r in rows])
                    # diagonal towards bottom left
                    if col - length >= 0:
                        domain.append([GridLocation(r, col - (r - row)) for r in rows])
    return domain
```

对于单词可能的位置范围（沿着行、列或对角线），列表推导式用类的构造函数将范围转换为 GridLocation 的列表。因为 generate_domain() 对每个单词都会循环遍历从左上角到右下角的每一个网格位置，所以它会涉及大量的计算。请问你能想出一种更高效的方法吗？如果在循环中把长度相同的单词一次遍历完，又会怎样？

若要检查可能的解是否有效，必须为单词搜索问题定制约束。WordSearchConstraint 的 satisfied() 方法只会检查为某个单词推荐的任何位置是否与为其他单词推荐的位置相同，这一点用 set 来实现。将 list 转换为 set 将移除所有重复项。如果从 list 转换而来的 set 中的数据项少于原 list 中的数据项，则表示原 list 中包含一些重复项。为了准备数据以进行此项检查，将用到稍微复杂一些的列表推导式，以便把赋值中每个单词的多个位置子列表组合为一个大的位置列表。具体代码如代码清单 3-14 所示。

代码清单 3-14　word_search.py（续）

```
class WordSearchConstraint(Constraint[str, List[GridLocation]]):
    def __init__(self, words: List[str]) -> None:
      super().__init__(words)
      self.words: List[str] = words

    def satisfied(self, assignment: Dict[str, List[GridLocation]]) -> bool:
        # if there are any duplicates grid locations, then there is an overlap
        all_locations = [locs for values in assignment.values() for locs in values]
        return len(set(all_locations)) == len(all_locations)
```

一切就绪，现在可以运行了。在本例中，在 9×9 的网格中包含 5 个单词。这里求得的解应该包含每个单词与其字母在网格中的位置之间的映射关系。具体代码如代码清单 3-15 所示。

代码清单 3-15 word_search.py（续）

```
if __name__ == "__main__":
    grid: Grid = generate_grid(9, 9)
    words: List[str] = ["MATTHEW", "JOE", "MARY", "SARAH", "SALLY"]
    locations: Dict[str, List[List[GridLocation]]] = {}
    for word in words:
        locations[word] = generate_domain(word, grid)
    csp: CSP[str, List[GridLocation]] = CSP(words, locations)
    csp.add_constraint(WordSearchConstraint(words))
    solution: Optional[Dict[str, List[GridLocation]]] = csp.backtracking_ search()
    if solution is None:
        print("No solution found!")
    else:
        for word, grid_locations in solution.items():
            # random reverse half the time
            if choice([True, False]):
                grid_locations.reverse()
            for index, letter in enumerate(word):
                (row, col) = (grid_locations[index].row, grid_ locations[index].column)
                grid[row][col] = letter
        display_grid(grid)
```

上述代码的底部有一处点睛之笔，就是用单词填充网格的语句。其中随机选取了几个单词并对它们做了逆序处理。因为此示例不允许单词重叠，所以这是合理的。最终的输出应如下所示。能找到 Matthew、Joe、Mary、Sarah 和 Sally 吗?

```
LWEHTTAMJ
MARYLISGO
DKOJYHAYE
IAJYHALAG
GYZJWRLGM
LLOTCAYIX
PEUTUSLKO
AJZYGIKDU
HSLZOFNNR
```

3.5 字谜（SEND+MORE=MONEY）

字谜（SEND+MORE=MONEY）是一种数字密码谜题，目标是要找到替换字母的数字使数学式成立。该问题中的每个字母都代表一个数字（0～9）。同一个数字只会用一个字母来表示。

如果字母重复出现，则表示最后的解中也有数字重复。

如果要人工求解字谜问题，那么把单词排成竖式会很有用。

```
  SEND
 +MORE
=MONEY
```

只要运用一点代数知识和直觉，人工求解一定是可行的。但一个相当简单的计算机程序可以通过蛮力（brute-forcing）试探大量可能的结果来更快地求解。下面把 SEND + MORE = MONEY 谜题表示为约束满足问题，具体代码如代码清单 3-16 所示。

代码清单 3-16 send_more_money.py

```
from csp import Constraint, CSP
from typing import Dict, List, Optional


class SendMoreMoneyConstraint(Constraint[str, int]):
    def __init__(self, letters: List[str]) -> None:
        super().__init__(letters)
        self.letters: List[str] = letters

    def satisfied(self, assignment: Dict[str, int]) -> bool:
        # if there are duplicate values, then it's not a solution
        if len(set(assignment.values())) < len(assignment):
            return False

        # if all variables have been assigned, check if it adds correctly
        if len(assignment) == len(self.letters):
            s: int = assignment["S"]
            e: int = assignment["E"]
            n: int = assignment["N"]
            d: int = assignment["D"]
            m: int = assignment["M"]
            o: int = assignment["O"]
            r: int = assignment["R"]
            y: int = assignment["Y"]
            send: int = s * 1000 + e * 100 + n * 10 + d
            more: int = m * 1000 + o * 100 + r * 10 + e
            money: int = m * 10000 + o * 1000 + n * 100 + e * 10 + y
            return send + more == money
        return True # no conflict
```

SendMoreMoneyConstraint 的 satisfied()方法完成了一些任务。首先，它检查是否存在多个字母代表同一个数字的情况，如果存在则说明那是一个无效解，返回 False。然后，它检查是否已给所有字母赋值，如果是则会检查已有赋值是否符合公式（SEND+MORE=MONEY），如果符合则说明解已找到，返回 True，否则返回 False。最后，如果尚未给所有字母赋值，则返回 True，这是为了保证能继续求解。

下面试着运行一下代码清单 3-17 中的代码。

代码清单 3-17 send_more_money.py（续）

```
if __name__ == "__main__":
    letters: List[str] = ["S", "E", "N", "D", "M", "O", "R", "Y"]
    possible_digits: Dict[str, List[int]] = {}
    for letter in letters:
        possible_digits[letter] = [0, 1, 2, 3, 4, 5, 6, 7, 8, 9]
    possible_digits["M"] = [1]  # so we don't get answers starting with a 0
    csp: CSP[str, int] = CSP(letters, possible_digits)
    csp.add_constraint(SendMoreMoneyConstraint(letters))
    solution: Optional[Dict[str, int]] = csp.backtracking_search()
    if solution is None:
        print("No solution found!")
    else:
        print(solution)
```

注意，这里会预先给字母 M 赋上答案，这是为了确保 M 的解中不会包含 0，因为约束里没有规定数字不能从 0 开始。大家可以去试试，看看不做此预先赋值会发生什么情况。

结果将如下所示：

```
{'S': 9, 'E': 5, 'N': 6, 'D': 7, 'M': 1, 'O': 0, 'R': 8, 'Y': 2}
```

3.6 电路板布局

制造商需要将某些矩形的芯片装到矩形电路板上。这个问题在本质上就是如何把几个大小不同的矩形严丝合缝地放置于另一个矩形内？约束满足问题的求解程序可以找到解决方案。此问题如图 3-5 所示。

电路板布局问题类似于单词搜索问题，但不是 $1 \times N$ 的矩形（单词），而是存在 $M \times N$ 的矩形。像单词搜索问题一样，矩形不能重叠。这些矩形不能放在对角线上，所以从这个意义上来说本问题实际上要比单词搜索简单一些。

请自行尝试重写单词搜索求解程序，使其适用于电路板布局问题。大部分代码都可以复用，包括表示网格的代码。

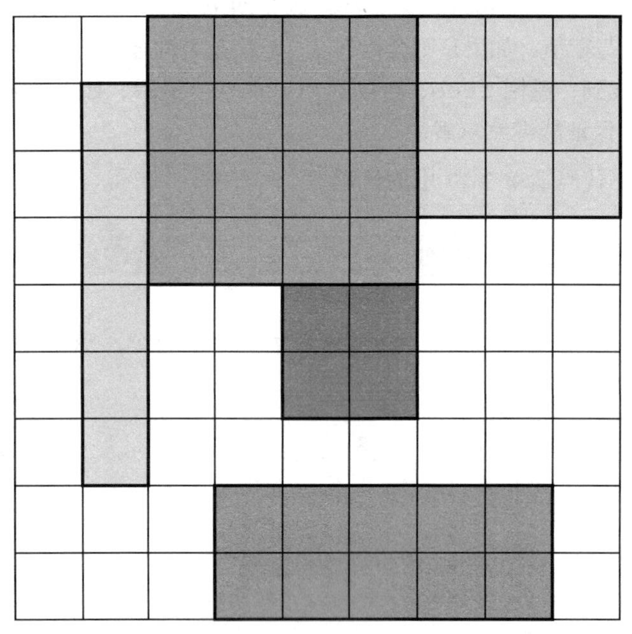

图 3-5　电路板布局问题与单词搜索问题非常相似，只不过矩形可以是不同宽度的

3.7　现实世界的应用

正如本章开头所述，约束满足问题的求解程序通常可用于日程安排。有几个人需要参加会议，那么这几个人就是变量，而值域由他们时间表中的空闲时间组成，约束则可能涉及会议需要哪些人员一起参加。

动作规划（motion planning）也可能用到约束满足问题的求解程序。不妨想象一个需要安装在管道内的机械臂，它包括了约束（管道壁）、变量（关节）和值域（关节可能做出的动作）。

求解约束满足问题在计算生物学中也有应用。可以认为化学反应需要的是分子间的约束。当然，正如常见的 AI 一样，它在游戏中也有应用。下面有一道习题就是编写数独求解程序，用约束满足问题求解方案可以解决很多逻辑谜题。

本章构建了一种简单的回溯式、深度优先搜索的解题框架。不过若能添加启发式信息——可以指导搜索过程的直觉（还记得 A*吗？），就能够极大地提高搜索性能。有一种比回溯更新的技术叫作约束传播（constraint propagation），也是一种现实世界应用中的高效方案。要获得更多信息，请查看 Stuart Russell 和 Peter Norvig 的《人工智能：一种现代的方法（第 3 版）》（*Artificial Intelligence: A Modern Approach*）（Pearson，2010）的第 6 章。

3.8 习题

1. 修改 `WordSearchConstraint` 以便支持字母的重叠。
2. 若还没有完成 3.6 节中描述的电路板布局问题的求解程序，请完成。
3. 用本章的约束满足问题的求解框架构建一个解决数独问题的程序。

第 4 章 图问题

图（graph）是一种抽象的数学结构，它通过将问题划分为一组连接的节点对现实世界的问题进行建模。每个节点被称为*顶点*（vertex），每个连接被称为*边*（edge）。例如，地铁路线图就可以被视为表示交通网络的图。每个点代表一个地铁站，每条线代表两个地铁站之间的路线。在图的术语中，地铁站被称为“顶点”，路线被称为“边”。

为什么图很有用呢？图不仅有助于我们抽象地思考问题，还可以让我们应用几种易懂、高效的搜索和优化技术。例如，在地铁的示例中，假如我们要知道从一个站到另一个站的最短路径，或者想知道连通所有站点至少需要多少轨道。本章介绍的图算法就能解决这两个问题。此外，图算法还可以应用于任何类型的网络（如计算机网络、配送网络和公用事业网络）问题，而并不仅限于交通网络。用图算法可以解决所有这些网络空间中的搜索和优化问题。

4.1 地图就是图

本章不讨论地铁站点图，而要用到一些美国的城市和城市间可能存在的路线。图 4-1 是美国人口普查局（Census Bureau）估算的美国大陆及其 15 个最大的都市统计区（metropolitan statistical area，MSA）的地图[①]。

著名企业家艾伦·马斯克（Elon Musk）已经建议搭建一个新型高速交通网络，该网络由在压力管道中穿梭的胶囊构成。根据马斯克的建议，胶囊将以 1126 km/h 的速度行进，适合在相距 1448 km 之内的城市间的经济高效的交通[②]。他将这种新型交通系统称为“超级高铁”（Hyperloop）。

① 数据来自美国人口普查局的 American Fact Finder 数据库。

② Elon Musk 的 *Hyperloop Alpha*。

本章将会以搭建此交通网络为背景探讨经典的图问题。

图 4-1 美国 15 个最大的 MSA 地图

马斯克最初提出的想法是连接 Los Angeles 和 San Francisco 的超级高铁。如果要建立一个全国性的超级高铁网络，那么在美国最大的都市区之间实施才会有意义。在图 4-2 中，去掉了图 4-1 中的州边界。此外，每个 MSA 都与另外几个 MSA 相邻。为了让图增加一些趣味性，这些邻居并不都是离得最近的 MSA。

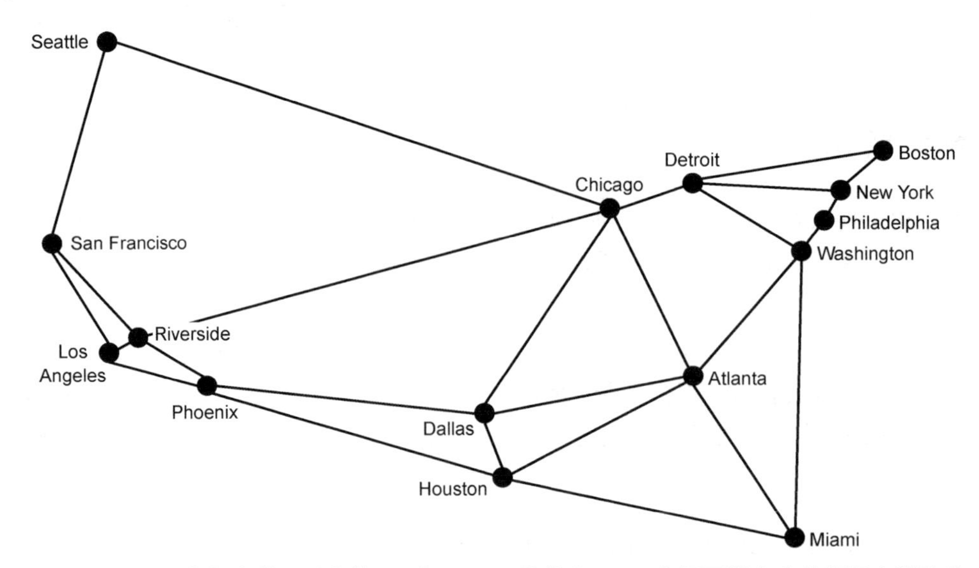

图 4-2 图的顶点代表美国最大的 15 个 MSA，边代表 MSA 之间可能存在的超级高铁路线

图 4-2 展示的就是一个图，其中顶点代表美国最大的 15 个 MSA，边代表 MSA 之间可能存在的超级高铁路线。选择这些路线仅为了用作演示，其他路线当然有可能加入超级高铁网络。

这种对现实世界问题的抽象表示凸显了图的威力。通过这种抽象，我们可以忽略美国的地理信息，而专注于在连接城市的背景下考虑可能实现的超级高铁网络。事实上，只要保持边不变，我们就可以用不同外观的图来考虑问题。例如，在图 4-3 中 Miami 的位置就被移动过了。图 4-3 中的图已经成了一种抽象表示，可以处理与图 4-2 相同的计算问题，即使 Miami 不在应有的位置也没关系。不过为了符合情理，这里还是采用图 4-2 表示。

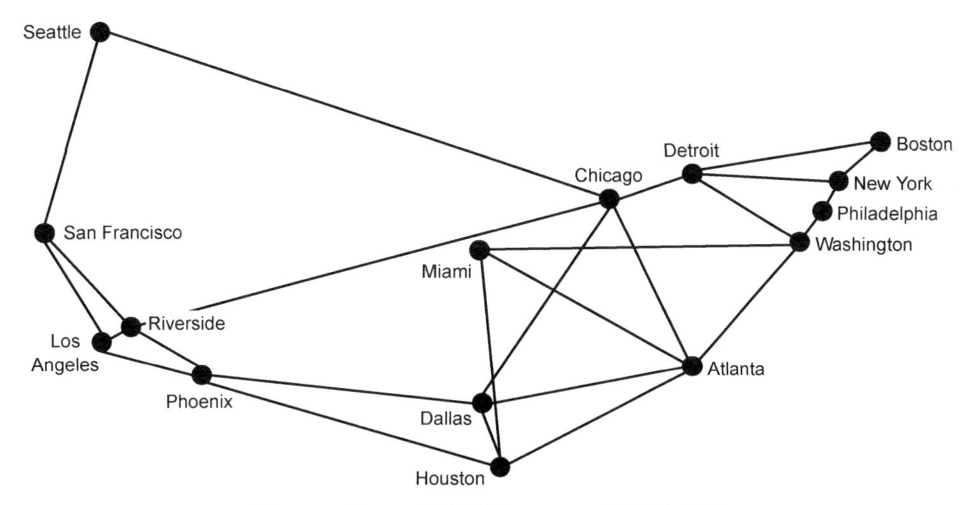

图 4-3　图 4-2 的等效图，Miami 移了个位置

4.2　搭建图的框架

Python 可以用多种不同的风格进行编程，但从本质上说，Python 是一种面向对象的编程语言。本节将定义两种不同类型的图：无权图（unweighted graph）和加权图（weighted graph）。本章稍后会讨论加权图，即为每条边关联一个权重（即读数，如示例中的长度）。

这里将采用继承模型，其为 Python 面向对象的类层次结构之基础，因此不用重复编写代码。本数据模型中的加权类将是对应无权类的子类，这样无权类的大部分功能就能得以继承，只要稍加调整就能让加权图与无权图有所区别了。

这个图的框架应该尽可能保持灵活，以便能尽可能多地表示各种不同的问题。为了实现这一目标，这里将用泛型抽象出顶点类型。每个顶点最终都会被赋予一个整数索引，但将被存储为用户定义的泛型类型。

下面就从定义 `Edge` 类开始搭建框架，该类是此图框架中最简单的部分。具体代码如代码清单 4-1 所示。

代码清单 4-1 edge.py

```
from __future__ import annotations
from dataclasses import dataclass

@dataclass
class Edge:
    u: int # the "from" vertex
    v: int # the "to" vertex

    def reversed(self) -> Edge:
        return Edge(self.v, self.u)

    def __str__(self) -> str:
        return f"{self.u} -> {self.v}"
```

Edge 被定义为两个顶点之间的连接，每个顶点由整数索引表示。这里按惯例用 u 表示第 1 个顶点，v 表示第 2 个顶点。也可以将 u 视为“起点”而 v 视为“终点”。本章仅处理无向图（图的边允许双向行进），但是在有向图中，边也可以是单向的。reversed()方法应该返回与当前边反向的 Edge。

注意 Edge 类用到了 Python 3.7 中的新特性 dataclass。标有装饰器@dataclass 的类通过自动创建__init__()方法来保存一些零碎数据，该方法将会实例化类中所有声明时带有类型注解（type annotation）的变量。dataclass 特性还可以自动为类创建其他的特殊方法。可以用装饰器配置需要自动创建的特殊方法。要获得详细信息，请参阅 Python 的 dataclass 文档。简而言之，采用 dataclass 特性可以节省一些录入的时间。

Graph 类重点关注图的基本用途：将顶点与边关联起来。同样，顶点的实际类型仍然应该是使用框架的用户所期望的任意类型，这样无须构建把各种类型的数据聚在一起的中间数据结构，就能让本框架应用于大量不同的问题。例如，在类似于超级高铁线路的图中，顶点的类型可以定义为 str，因为我们会用到“New York”和“Los Angeles”这种字符串作为顶点。下面开始介绍 Graph 类，具体代码如代码清单 4-2 所示。

代码清单 4-2 graph.py

```
from typing import TypeVar, Generic, List, Optional
from edge import Edge

V = TypeVar('V') # type of the vertices in the graph

class Graph(Generic[V]):
    def __init__(self, vertices: List[V] = []) -> None:
```

```
        self._vertices: List[V] = vertices
        self._edges: List[List[Edge]] = [[] for _ in vertices]
```

列表_vertices 是 Graph 类的核心。每个顶点都会存储于该列表中，稍后我们会通过它们在列表中的整数索引来引用它们。顶点本身可以是复杂的数据类型，但它的索引肯定是 int 类型，以便于使用。从另一个层面来说，通过在图算法和_vertices 数组之间架设的这个索引，同一张图中可以出现两个相同值的顶点。不妨想象一张以某国城市作为顶点的图，该国有多个名为“Springfield”的城市。即便顶点的值相同，它们也可以有不同的整数索引。

图的数据结构可以有多种实现方案，最常见的两种就是采用*顶点矩阵*（vertex matrix）或*邻接表*（adjacency list）。在顶点矩阵中，矩阵的每个元素表示图中两个顶点是否相连，元素的值表示顶点间的连通度（或无连接）。此处图的数据结构采用邻接表方案。在这种图表示方式中，每个顶点都有一个与其连接的顶点列表。这里采用由边的列表组成的列表，因此每个顶点都带有一个多条边组成的列表，顶点通过该列表与其他顶点相连，_edges 就是这个列表的列表。

下面将给出 Graph 类的其余部分。请注意这里的方法都很简短，大部分都只有一行代码，并且都带有详细而清晰的方法名称，这使得 Graph 类的其余部分应该在很大程度上做到了不言自明，不过为了彻底消除误解，还是加上了简短的注释。具体代码如代码清单 4-3 所示。

代码清单 4-3 graph.py（续）

```
    @property
    def vertex_count(self) -> int:
        return len(self._vertices) # Number of vertices

    @property
    def edge_count(self) -> int:
        return sum(map(len, self._edges)) # Number of edges

    # Add a vertex to the graph and return its index
    def add_vertex(self, vertex: V) -> int:
        self._vertices.append(vertex)
        self._edges.append([]) # Add empty list for containing edges
        return self.vertex_count - 1 # Return index of added vertex

    # This is an undirected graph,
    # so we always add edges in both directions
    def add_edge(self, edge: Edge) -> None:
        self._edges[edge.u].append(edge)
        self._edges[edge.v].append(edge.reversed())
```

```
    # Add an edge using vertex indices (convenience method)
    def add_edge_by_indices(self, u: int, v: int) -> None:
        edge: Edge = Edge(u, v)
        self.add_edge(edge)

    # Add an edge by looking up vertex indices (convenience method)
    def add_edge_by_vertices(self, first: V, second: V) -> None:
        u: int = self._vertices.index(first)
        v: int = self._vertices.index(second)
        self.add_edge_by_indices(u, v)

    # Find the vertex at a specific index
    def vertex_at(self, index: int) -> V:
        return self._vertices[index]

    # Find the index of a vertex in the graph
    def index_of(self, vertex: V) -> int:
        return self._vertices.index(vertex)

    # Find the vertices that a vertex at some index is connected to
    def neighbors_for_index(self, index: int) -> List[V]:
        return list(map(self.vertex_at, [e.v for e in self._edges[index]]))

    # Look up a vertice's index and find its neighbors (convenience method)
    def neighbors_for_vertex(self, vertex: V) -> List[V]:
        return self.neighbors_for_index(self.index_of(vertex))

    # Return all of the edges associated with a vertex at some index
    def edges_for_index(self, index: int) -> List[Edge]:
        return self._edges[index]

    # Look up the index of a vertex and return its edges (convenience method)
    def edges_for_vertex(self, vertex: V) -> List[Edge]:
        return self.edges_for_index(self.index_of(vertex))

    # Make it easy to pretty-print a Graph
    def __str__(self) -> str:
        desc: str = ""
        for i in range(self.vertex_count):
            desc += f"{self.vertex_at(i)} -> {self.neighbors_for_index(i)}\n"
        return desc
```

不妨回头看一下，为什么这个类的大多数方法有两个版本呢？从类的定义可以得知，`_vertices`是由V类型的元素构成的列表，V可以是任意Python类。于是就有V类型的顶点存储在`_vertices`列表中。但在后续要检索或操作这些顶点的时候，就需要知道它们在该列表中的存储位置。因此，每个顶点在数组中都有一个与之关联的索引（整数）。如果我们不知道顶点的索引，就需要遍历`_vertices`来查找。这就是每种方法都有两个版本的原因。一个是基于int索引进行操作，另一个是基于V本身进行操作。基于V操作的方法会搜索其关联的索引并调用基于索引的函数。因此，基于V的方法可被视为快捷方法。

大多数方法都是无须解释的，但`neighbors_for_index()`值得做一些解析，它会返回顶点的所有*邻居*。顶点的邻居是指通过某条边直接连接到该顶点的所有其他顶点。例如，在图4-2中，New York和Washington是Philadelphia的唯一的共同邻居。通过查看由某个顶点发出的所有边的末端（v），就能找到该顶点的所有邻居。

```
def neighbors_for_index(self, index: int) -> List[V]:
    return list(map(self.vertex_at, [e.v for e in self._edges[index]]))
```

`_edges[index]`就是邻接表，当前顶点通过该列表中的边与其他顶点相连。在传递给`map()`调用的列表推导式中，e代表某条边，e.v代表该边所连接的邻居的索引。`map()`将返回所有顶点对象（而不仅仅是它们的索引），因为`map()`对每个e.v都会调用`vertex_at()`方法。

还有一个重点需要注意，就是`add_edge()`的工作方式。`add_edge()`首先把某条边添加到“起点”顶点（u）的邻接表中，然后将这条边的逆向边添加到“终点”顶点（v）的邻接表中。因为该图是无向图，所以这里的第2步是必需的。我们希望对每条边都添加两个方向，这意味着u是v的邻居，同样v也是u的邻居。如果这有助于记住每条边都能双向通行，那么可以将无向图视为“双向”图。

```
def add_edge(self, edge: Edge) -> None:
    self._edges[edge.u].append(edge)
    self._edges[edge.v].append(edge.reversed())
```

如前所述，我们在本章中只处理无向图。除无向图和有向图之外，图还可以是*无权图*或*加权图*。加权图带有一些与其每条边关联的可供比较的值（通常为数字值）。在超级高铁网络中，可以将站点之间的距离视为权重。但这里将只处理该图的无权版。不带权的边只是两个顶点之间的连接，因此Edge类和Graph类都是无权的。换一种方式来说，在无权图中我们只知道哪些顶点是相连的，而在加权图中我们不仅知道哪些顶点是连通的，还知道这些连接的某些属性。

边和图的用法

现在我们已经有了Edge和Graph的具体实现，接下来就可以创建超级高铁网络的表现形式了。`city_graph`中的顶点和边对应于图4-2中的顶点和边。我们用泛型就可以指定顶点的类型为 str（Graph [str]）。换句话说，用 str 类型填充类型变量 V。具体代码如代码清单 4-4 所示。

代码清单 4-4 graph.py（续）

```
if __name__ == "__main__":
    # test basic Graph construction
    city_graph: Graph[str] = Graph(["Seattle", "San Francisco", "Los Angeles",
      "Riverside", "Phoenix", "Chicago", "Boston", "New York", "Atlanta", "Miami",
      "Dallas", "Houston", "Detroit", "Philadelphia", "Washington"])
    city_graph.add_edge_by_vertices("Seattle", "Chicago")
    city_graph.add_edge_by_vertices("Seattle", "San Francisco")
    city_graph.add_edge_by_vertices("San Francisco", "Riverside")
    city_graph.add_edge_by_vertices("San Francisco", "Los Angeles")
    city_graph.add_edge_by_vertices("Los Angeles", "Riverside")
    city_graph.add_edge_by_vertices("Los Angeles", "Phoenix")
    city_graph.add_edge_by_vertices("Riverside", "Phoenix")
    city_graph.add_edge_by_vertices("Riverside", "Chicago")
    city_graph.add_edge_by_vertices("Phoenix", "Dallas")
    city_graph.add_edge_by_vertices("Phoenix", "Houston")
    city_graph.add_edge_by_vertices("Dallas", "Chicago")
    city_graph.add_edge_by_vertices("Dallas", "Atlanta")
    city_graph.add_edge_by_vertices("Dallas", "Houston")
    city_graph.add_edge_by_vertices("Houston", "Atlanta")
    city_graph.add_edge_by_vertices("Houston", "Miami")
    city_graph.add_edge_by_vertices("Atlanta", "Chicago")
    city_graph.add_edge_by_vertices("Atlanta", "Washington")
    city_graph.add_edge_by_vertices("Atlanta", "Miami")
    city_graph.add_edge_by_vertices("Miami", "Washington")
    city_graph.add_edge_by_vertices("Chicago", "Detroit")
    city_graph.add_edge_by_vertices("Detroit", "Boston")
    city_graph.add_edge_by_vertices("Detroit", "Washington")
    city_graph.add_edge_by_vertices("Detroit", "New York")
    city_graph.add_edge_by_vertices("Boston", "New York")
    city_graph.add_edge_by_vertices("New York", "Philadelphia")
    city_graph.add_edge_by_vertices("Philadelphia", "Washington")
    print(city_graph)
```

city_graph 的顶点为 str 类型，这里就用 MSA 的名称来标识每个顶点，且与边加入 city_graph 的顺序没有关系。因为已经编写了__str__()，图的美观打印形式已经具备了，所以现在可以将图美观打印（pretty-print，它真是一个术语）出来。输出应该类似如下所示：

```
Seattle -> ['Chicago', 'San Francisco']
San Francisco -> ['Seattle', 'Riverside', 'Los Angeles']
Los Angeles -> ['San Francisco', 'Riverside', 'Phoenix']
Riverside -> ['San Francisco', 'Los Angeles', 'Phoenix', 'Chicago']
Phoenix -> ['Los Angeles', 'Riverside', 'Dallas', 'Houston']
Chicago -> ['Seattle', 'Riverside', 'Dallas', 'Atlanta', 'Detroit']
Boston -> ['Detroit', 'New York']
New York -> ['Detroit', 'Boston', 'Philadelphia']
Atlanta -> ['Dallas', 'Houston', 'Chicago', 'Washington', 'Miami']
Miami -> ['Houston', 'Atlanta', 'Washington']
Dallas -> ['Phoenix', 'Chicago', 'Atlanta', 'Houston']
Houston -> ['Phoenix', 'Dallas', 'Atlanta', 'Miami']
Detroit -> ['Chicago', 'Boston', 'Washington', 'New York']
Philadelphia -> ['New York', 'Washington']
Washington -> ['Atlanta', 'Miami', 'Detroit', 'Philadelphia']
```

4.3　查找最短路径

超级高铁的速度太快了，因此若要优化某两个站点间的行进时间，站点间的距离可能就不太重要了，而更重要的是两站之间的跳数（需要经过多少个站点）。每个站点都可能会有中途停留，所以就像乘坐飞机一样，中途停留的站点越少越好。

在图论中，连接两个顶点的一系列边被称为路径（path）。换句话说，路径是从一个顶点到另一个顶点的行进方案。在超级高铁网络中，一系列管道（边）代表从一个城市（顶点）到另一个城市（顶点）的路径。用图解决的最常见问题之一就是查找顶点间的最优路径。

由边依次连接起来的顶点列表可以被非正式地视作路径。这种描述实际上只是换了种说法，就像同一枚硬币的另一面。正如获取边的列表一样，找出边所连接的顶点，留下顶点列表并把边的数据去掉。在以下简短示例中，我们将会找到连接超级高铁网络中两个城市的这种顶点列表。

重温广度优先搜索

在无权图中，查找最短路径意味着要找到起始顶点和目标顶点之间边最少的路径。若要构建超级高铁网络，或许首先连接相距最远而人口密集的海滨城市会很有意义。这就提出了一个问题：“Boston 和 Miami 之间的最短路径是什么？”

提示　本节假定你已阅读过第 2 章。在继续阅读之前，请确保你已熟悉第 2 章中有关广度优先搜索的内容。

幸好我们已经有了一个查找最短路径的算法，求解本章问题时拿来复用即可。第 2 章中介绍的求解迷宫问题的广度优先搜索算法对图也同样适用。事实上，第 2 章中处理的迷宫其实就是图。顶点就是迷宫中的位置，边则是可以由一个位置移动到另一个位置的路线。在无权图中，广度优先搜索将会找到任意两个顶点之间的最短路径。

第 2 章中的广度优先搜索代码可以拿来复用，以处理 Graph。事实上，不用做任何改动即可复用。这正是编写通用代码的威力！

回想一下，第 2 章中的 bfs()需要 3 个参数：初始状态、用于测试目标状态的 Callable（类似于读函数的对象）、用于查找给定状态的后续状态的 Callable。初始状态将是由字符串“Boston”表示的顶点。目标测试对象将是检查顶点是否等于“Miami”的 lambda 表达式。最后可以用 Graph 的 neighbors_for_vertex()方法生成后续顶点。

考虑到超级高铁计划的特点，我们可以在 graph.py 主体部分的末尾添加一些代码，以实现在 city_graph 上找到 Boston 和 Miami 之间的最短路径。具体代码如代码清单 4-5 所示。

注意 在代码清单 4-5 中，bfs、Node 和 node_to_path 是从 Chapter2 包的 generic_search 模块导入的。为此，graph.py 的上一级目录将被添加到 Python 的搜索路径（'..'）中。因为本书代码库的结构是把每章都放入了各自的目录中，所以才需要如此，此时的目录结构大致是 Book->Chapter2->generic_search.py 和 Book-> Chapter4-> graph.py。如果你的目录结构明显不是如此，则需要找到一种方法把 generic_search.py 添加到路径中，并且可能需要修改一下 import 语句。实在不行的话，只需将 generic_search.py 复制到包含 graph.py 的同一目录下即可，并把 import 语句修改为 from generic_search import bfs, Node, node_to_path。

代码清单 4-5 graph.py（续）

```
# Reuse BFS from chapter 2 on city_graph
import sys
sys.path.insert(0, '..') # so we can access the Chapter2 package in the parent directory
from Chapter2.generic_search import bfs, Node, node_to_path

bfs_result: Optional[Node[V]] = bfs("Boston", lambda x: x == "Miami",
    city_graph.neighbors_for_vertex)
if bfs_result is None:
    print("No solution found using breadth-first search!")
else:
    path: List[V] = node_to_path(bfs_result)
    print("Path from Boston to Miami:")
    print(path)
```

输出结果应该如下所示：

```
Path from Boston to Miami:
['Boston', 'Detroit', 'Washington', 'Miami']
```

这里考虑的是边的数量，从 Boston 到 Detroit，然后到 Washington，再到 Miami，由这 3 条边构成了最短路径。图 4-4 高亮显示了这条路径。

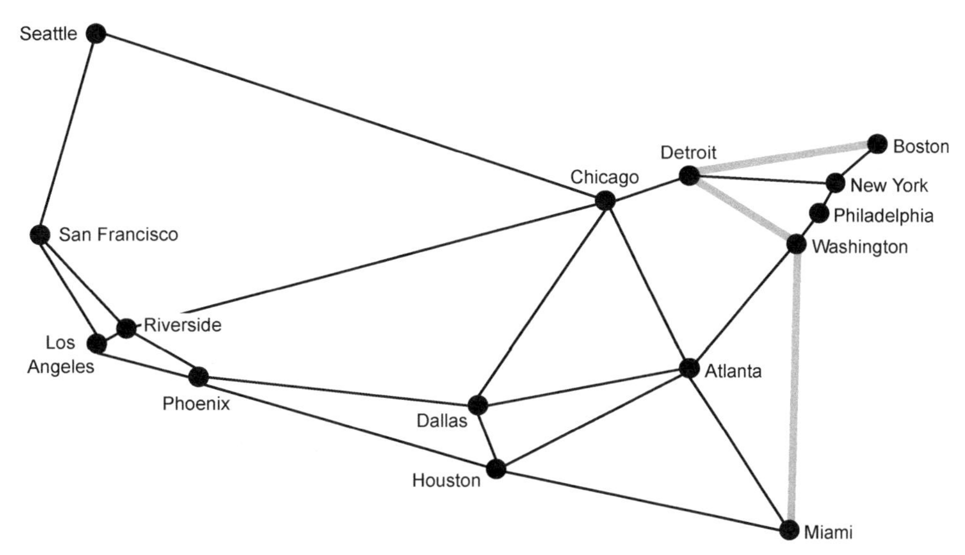

图 4-4 根据边的数量，高亮显示 Boston 和 Miami 之间的最短路径

4.4 最小化网络构建成本

假设我们要把所有 15 个最大的 MSA 都连入超级高铁网络，目标是要最大限度地降低网络的铺设成本，于是就意味着所用的轨道数量要最少。于是问题就成了：如何用最少的轨道连接所有 MSA？

4.4.1 权重的处理

要了解建造某条边所需的轨道数量，就需要知道这条边表示的距离。现在是再次引入权重概念的时候了。在超级高铁网络中，边的权重是两个所连 MSA 之间的距离。图 4-5 与图 4-2 几乎相同，差别只是每条边多了权重，表示边所连的两个顶点之间的距离（以英里为单位）。

为了处理权重，需要建立 `Edge` 的子类 `WeightedEdge` 和 `Graph` 的子类 `WeightedGraph`。每个 `WeightedEdge` 都带有一个与其关联的表示其权重的 `float` 类型数据。下面马上就会介绍 Jarník 算法，它能够比较两条边并确定哪条边权重较低。采用数值型的权重就很容易进行比较了。具体代码如代码清单 4-6 所示。

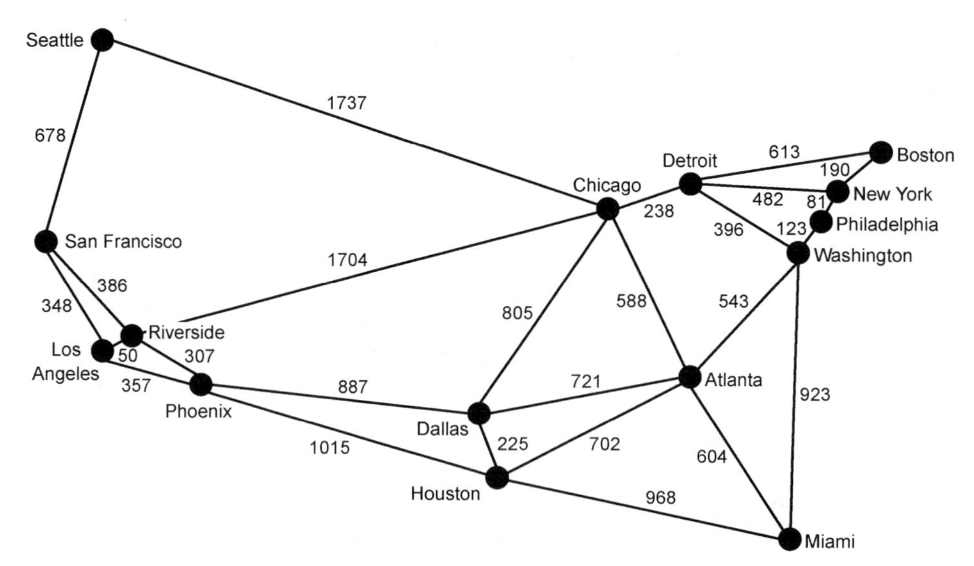

图 4-5 美国 15 个最大的 MSA 的加权图，权重代表两个 MSA 之间的距离，单位英里（1 英里≈1.6093 km）

代码清单 4-6 weighted_edge.py

```
from __future__ import annotations
from dataclasses import dataclass
from edge import Edge

@dataclass
class WeightedEdge(Edge):
    weight: float

    def reversed(self) -> WeightedEdge:
        return WeightedEdge(self.v, self.u, self.weight)

    # so that we can order edges by weight to find the minimum weight edge
    def __lt__(self, other: WeightedEdge) -> bool:
        return self.weight<other.weight

    def __str__(self) -> str:
        return f"{self.u} {self.weight}> {self.v}"
```

WeightedEdge 的实现代码与 Edge 的实现代码并没有太大的区别，只是添加了一个 weight 属性，并通过__lt__()实现了“<”操作符，这样两个 WeightedEdge 就可以相互比较了。“<”操作符只涉及权重（而不涉及继承而来的属性 u 和 v），因为 Jarník 的算法只关注如何找到权重最小的边。

如代码清单 4-7 所示，WeightedGraph 从 Graph 继承了大部分功能，此外，它还包含了__init__方法和添加 WeightedEdge 的便捷方法，并且实现了自己的__str__()方法。它还有一个新方法 neighbors_for_index_with_weights()，这一方法不仅会返回每一位邻居，还会返回到达这位邻居的边的权重。这一方法对其__str__()十分有用。

代码清单 4-7 weighted_graph.py

```
from typing import TypeVar, Generic, List, Tuple
from graph import Graph
from weighted_edge import WeightedEdge

V = TypeVar('V') # type of the vertices in the graph

class WeightedGraph(Generic[V], Graph[V]):
    def __init__(self, vertices: List[V] = []) -> None:
        self._vertices: List[V] = vertices
        self._edges: List[List[WeightedEdge]] = [[] for _ in vertices]

    def add_edge_by_indices(self, u: int, v: int, weight: float) -> None:
        edge: WeightedEdge = WeightedEdge(u, v, weight)
        self.add_edge(edge) # call superclass version

    def add_edge_by_vertices(self, first: V, second: V, weight: float) -> None:
        u: int = self._vertices.index(first)
        v: int = self._vertices.index(second)
        self.add_edge_by_indices(u, v, weight)

    def neighbors_for_index_with_weights(self, index: int) -> List[Tuple[V, float]]:
        distance_tuples: List[Tuple[V, float]] = []
        for edge in self.edges_for_index(index):
            distance_tuples.append((self.vertex_at(edge.v), edge.weight))
        return distance_tuples

    def __str__(self) -> str:
        desc: str = ""
        for i in range(self.vertex_count):
            desc += f"{self.vertex_at(i)} -> {self.neighbors_for_index_with_weights(i)}\n"
        return desc
```

现在可以实际定义加权图了。这里将会用到图 4-5 表示的加权图，名为 city_graph2。具体代码如代码清单 4-8 所示。

代码清单 4-8 weighted_graph.py（续）

```
if __name__ == "__main__":
    city_graph2: WeightedGraph[str] = WeightedGraph(["Seattle", "San Francisco",
      "Los Angeles", "Riverside", "Phoenix", "Chicago", "Boston", "New York", "Atlanta",
      "Miami", "Dallas", "Houston", "Detroit", "Philadelphia", "Washington"])
    city_graph2.add_edge_by_vertices("Seattle", "Chicago", 1737)
    city_graph2.add_edge_by_vertices("Seattle", "San Francisco", 678)
    city_graph2.add_edge_by_vertices("San Francisco", "Riverside", 386)
    city_graph2.add_edge_by_vertices("San Francisco", "Los Angeles", 348)
    city_graph2.add_edge_by_vertices("Los Angeles", "Riverside", 50)
    city_graph2.add_edge_by_vertices("Los Angeles", "Phoenix", 357)
    city_graph2.add_edge_by_vertices("Riverside", "Phoenix", 307)
    city_graph2.add_edge_by_vertices("Riverside", "Chicago", 1704)
    city_graph2.add_edge_by_vertices("Phoenix", "Dallas", 887)
    city_graph2.add_edge_by_vertices("Phoenix", "Houston", 1015)
    city_graph2.add_edge_by_vertices("Dallas", "Chicago", 805)
    city_graph2.add_edge_by_vertices("Dallas", "Atlanta", 721)
    city_graph2.add_edge_by_vertices("Dallas", "Houston", 225)
    city_graph2.add_edge_by_vertices("Houston", "Atlanta", 702)
    city_graph2.add_edge_by_vertices("Houston", "Miami", 968)
    city_graph2.add_edge_by_vertices("Atlanta", "Chicago", 588)
    city_graph2.add_edge_by_vertices("Atlanta", "Washington", 543)
    city_graph2.add_edge_by_vertices("Atlanta", "Miami", 604)
    city_graph2.add_edge_by_vertices("Miami", "Washington", 923)
    city_graph2.add_edge_by_vertices("Chicago", "Detroit", 238)
    city_graph2.add_edge_by_vertices("Detroit", "Boston", 613)
    city_graph2.add_edge_by_vertices("Detroit", "Washington", 396)
    city_graph2.add_edge_by_vertices("Detroit", "New York", 482)
    city_graph2.add_edge_by_vertices("Boston", "New York", 190)
    city_graph2.add_edge_by_vertices("New York", "Philadelphia", 81)
    city_graph2.add_edge_by_vertices("Philadelphia", "Washington", 123)

    print(city_graph2)
```

因为 `WeightedGraph` 实现了 `__str__()`，所以我们可以美观打印出 `city_graph2`。在输出结果中会同时显示每个顶点连接的所有顶点及这些连接的权重。

```
Seattle -> [('Chicago', 1737), ('San Francisco', 678)]
San Francisco -> [('Seattle', 678), ('Riverside', 386), ('Los Angeles', 348)]
Los Angeles -> [('San Francisco', 348), ('Riverside', 50), ('Phoenix', 357)]
Riverside -> [('San Francisco', 386), ('Los Angeles', 50), ('Phoenix', 307), ('Chicago',
  1704)]
Phoenix -> [('Los Angeles', 357), ('Riverside', 307), ('Dallas', 887), ('Houston', 1015)]
```

```
Chicago -> [('Seattle', 1737), ('Riverside', 1704), ('Dallas', 805), ('Atlanta', 588),
    ('Detroit', 238)]
Boston -> [('Detroit', 613), ('New York', 190)]
New York -> [('Detroit', 482), ('Boston', 190), ('Philadelphia', 81)]
Atlanta -> [('Dallas', 721), ('Houston', 702), ('Chicago', 588), ('Washington', 543),
    ('Miami', 604)]
Miami -> [('Houston', 968), ('Atlanta', 604), ('Washington', 923)]
Dallas -> [('Phoenix', 887), ('Chicago', 805), ('Atlanta', 721), ('Houston', 225)]
Houston -> [('Phoenix', 1015), ('Dallas', 225), ('Atlanta', 702), ('Miami', 968)]
Detroit -> [('Chicago', 238), ('Boston', 613), ('Washington', 396), ('New York', 482)]
Philadelphia -> [('New York', 81), ('Washington', 123)]
Washington -> [('Atlanta', 543), ('Miami', 923), ('Detroit', 396), ('Philadelphia', 123)]
```

4.4.2 查找最小生成树

树是一种特殊的图，它在任意两个顶点之间只存在一条路径，这意味着树中没有环路（cycle），有时被称为无环（acyclic）。环路可以被视作循环。如果可以从一个起始顶点开始遍历图，不会重复经过任何边，并返回到起始顶点，则称存在一条环路。任何不是树的图都可以通过修剪边而成为树。图 4-6 演示了通过修剪边把图转换为树的过程。

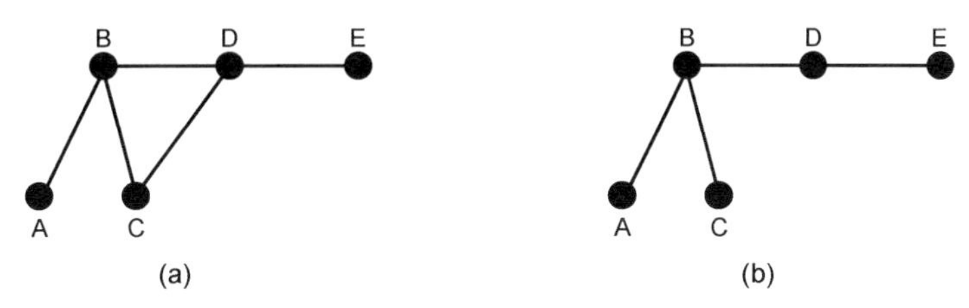

图 4-6 在左图中，在顶点 B、C 和 D 之间存在一个环路，因此它不是树。在右图中，连通 C 和 D 的边已被修剪掉了，因此它是一棵树

连通图（connected graph）是指从图的任一顶点都能以某种路径到达其他任何顶点的图。本章中的所有图都是连通图。生成树（spanning tree）是把图所有顶点都连接起来的树。最小生成树（minimum spanning tree）是以最小总权重把加权图的每个顶点都连接起来的树（相对于其他的生成树而言）。对于每张加权图，我们都能高效地找到其最小生成树。

这里出现了一大堆术语！“查找最小生成树”和“以权重最小的方式连接加权图中的所有顶点”的意思相同，这是关键点。对任何设计网络（交通网络、计算机网络等）的人来说，这都是一个重要而实际的问题：如何能以最低的成本连接网络中的所有节点呢？这里的成本可能是电线、轨道、道路或其他任何东西。以电话网络来说，这个问题的另一种提法就是：连通每个电话机所需要的最短电缆长度是多少？

1. 重温优先队列

优先队列在第 2 章中已经介绍过了。Jarník 算法将需要用到优先队列。我们可以从第 2 章的程序包中导入 `PriorityQueue` 类，要获得详情请参阅紧挨着代码清单 4-5 之前的注意事项，也可以把该类复制为一个新文件并放入本章的程序包中。为完整起见，在代码清单 4-9 中，我们将重新创建第 2 章中的 `PriorityQueue`，这里假定 `import` 语句会被放入单独的文件中。

代码清单 4-9 priority_queue.py

```python
from typing import TypeVar, Generic, List
from heapq import heappush, heappop

T = TypeVar('T')

class PriorityQueue(Generic[T]):
    def __init__(self) -> None:
        self._container: List[T] = []

    @property
    def empty(self) -> bool:
        return not self._container  # not is true for empty container

    def push(self, item: T) -> None:
        heappush(self._container, item)  # in by priority

    def pop(self) -> T:
        return heappop(self._container)  # out by priority

    def __repr__(self) -> str:
        return repr(self._container)
```

2. 计算加权路径的总权重

在开发查找最小生成树的方法之前，我们需要开发一个用于检测某个解的总权重的函数。最小生成树问题的解将由组成树的加权边列表构成。首先，我们会将 `WeightedPath` 定义为 `WeightedEdge` 的列表，然后会定义一个 `total_weight()` 函数，该函数以 `WeightedPath` 的列表为参数并把所有边的权重相加，以便得到总权重。具体代码如代码清单 4-10 所示。

代码清单 4-10 mst.py

```
from typing import TypeVar, List, Optional
from weighted_graph import WeightedGraph
from weighted_edge import WeightedEdge
from priority_queue import PriorityQueue

V = TypeVar('V') # type of the vertices in the graph
WeightedPath = List[WeightedEdge] # type alias for paths

def total_weight(wp: WeightedPath) -> float:
    return sum([e.weight for e in wp])
```

3. Jarník 算法

查找最小生成树的 Jarník 算法把图分为两部分：正在生成的最小生成树的顶点和尚未加入最小生成树的顶点。其工作步骤如下所示。

（1）选择要被包含于最小生成树中的任一顶点。

（2）找到连通最小生成树与尚未加入树的顶点的权重最小的边。

（3）将权重最小边末端的顶点添加到最小生成树中。

（4）重复第 2 步和第 3 步，直到图中的每个顶点都加入了最小生成树。

注意 Jarník 算法常被称为 Prim 算法。在 20 世纪 20 年代末，两位捷克数学家 OtakarBorůvka 和 VojtěchJarník 致力于尽量降低铺设电线的成本，提出了解决最小生成树问题的算法。他们提出的算法在几十年后又被其他人“重新发现”[①]。

为了高效地运行 Jarník 算法，需要用到优先队列。每次将新的顶点加入最小生成树时，所有连接到树外顶点的出边都会被加入优先队列中。从优先队列中弹出的一定是权重最小的边，算法将持续运行直至优先队列为空为止。这样就确保了权重最小的边一定会优先加入树中。如果被弹出的边与树中的已有顶点相连，则它将被忽略。

代码清单 4-11 中的 `mst()` 完整实现了 Jarník 算法[②]，它还带了一个用来打印 `WeightedPath` 的实用函数。

警告 Jarník 算法在有向图中不一定能正常工作，它也不适用于非连通图。

---

① Helena Durnová 的“OtakarBorůvka (1899-1995) and the Minimum Spanning Tree”（Institute of Mathematics of the Czech Academy of Sciences，2006）。

② 受到 RobertSedgewick 和 KevinWayne 的《算法（第 4 版）》（第 619 页）的启发。

代码清单 4-11 mst.py（续）

```
def mst(wg: WeightedGraph[V], start: int = 0) -> Optional[WeightedPath]:
    if start > (wg.vertex_count - 1) or start < 0:
        return None
    result: WeightedPath = [] # holds the final MST
    pq: PriorityQueue[WeightedEdge] = PriorityQueue()
    visited: [bool] = [False] * wg.vertex_count # where we've been

    def visit(index: int):
        visited[index] = True # mark as visited
        for edge in wg.edges_for_index(index):
            # add all edges coming from here to pq
            if not visited[edge.v]:
                pq.push(edge)

    visit(start) # the first vertex is where everything begins

    while not pq.empty: # keep going while there are edges to process
        edge = pq.pop()
        if visited[edge.v]:
            continue # don't ever revisit
        # this is the current smallest, so add it to solution
        result.append(edge)
        visit(edge.v) # visit where this connects

    return result

def print_weighted_path(wg: WeightedGraph, wp: WeightedPath) -> None:
    for edge in wp:
        print(f"{wg.vertex_at(edge.u)} {edge.weight}> {wg.vertex_at(edge.v)}")
    print(f"Total Weight: {total_weight(wp)}")
```

下面逐行过一遍 mst()。

```
def mst(wg: WeightedGraph[V], start: int = 0) -> Optional[WeightedPath]:
    if start > (wg.vertex_count - 1) or start < 0:
        return None
```

本算法将返回某一个代表最小生成树的 WeightedPath 对象。运算本算法的起始位置无关紧要（假定图是连通和无向的），因此默认设为索引为 0 的顶点。如果 start 无效，则 mst() 返回 None。

```
result: WeightedPath = [] # holds the final MST
pq: PriorityQueue[WeightedEdge] = PriorityQueue()
visited: [bool] = [False] * wg.vertex_count # where we've been
```

result 将是最终存放加权路径的地方，也即包含了最小生成树。随着权重最小的边不断被弹出以及图中新的区域不断被遍历，WeightedEdge 会不断被添加到 result 中。因为 Jarník 算法总是选择权重最小的边，所以被视为贪婪算法（greedy algorithm）之一。pq 用于存储新发现的边并弹出次低权重的边。visited 用于记录已经到过的顶点索引，这用 Set 也可以实现，类似于 bfs() 中的 explored。

```
def visit(index: int):
    visited[index] = True # mark as visited
    for edge in wg.edges_for_index(index):
        # add all edges coming from here
        if not visited[edge.v]:
            pq.push(edge)
```

visit() 是一个便于内部使用的函数，用于把顶点标记为已访问，并把尚未访问过的顶点所连的边都加入 pq 中。不妨注意一下，使用邻接表模型能够轻松地找到属于某个顶点的边。

```
visit(start) # the first vertex is where everything begins
```

除非图是非连通的，否则先访问哪个顶点是无所谓的。如果图是非连通的，是由多个不相连的部分组成的，那么 mst() 返回的树只会涵盖图的某一部分，也就是起始节点所属的那部分图。

```
while not pq.empty: # keep going while there are edges to process
    edge = pq.pop()
    if visited[edge.v]:
        continue # don't ever revisit
    # this is the current smallest, so add it
    result.append(edge)
    visit(edge.v) # visit where this connects

return result
```

只要优先队列中还有边存在，我们就将它们弹出并检查它们是否会引出尚未加入树的顶点。因为优先队列是以升序排列的，所以会先弹出权重最小的边。这就确保了结果确实具有最小总权重。如果弹出的边不会引出未探索过的顶点，那么就会被忽略，否则，因为该条边是目前为止权重最小的边，所以会被添加到结果集中，并且对其引出的新顶点进行探索。如果已没有边可供探索了，则返回结果。

最后再回到用轨道最少的超级高铁网络连接美国 15 个最大的 MSA 的问题吧。结果路径就是 city_graph2 的最小生成树。下面尝试对 city_graph2 运行一下 mst()，具体代码如代码清单 4-12 所示。

代码清单 4-12　mst.py（续）

```
if __name__ == "__main__":
    city_graph2: WeightedGraph[str] = WeightedGraph(["Seattle", "San Francisco", "Los
      Angeles", "Riverside", "Phoenix", "Chicago", "Boston", "New York", "Atlanta",
      "Miami", "Dallas", "Houston", "Detroit", "Philadelphia", "Washington"])

    city_graph2.add_edge_by_vertices("Seattle", "Chicago", 1737)
    city_graph2.add_edge_by_vertices("Seattle", "San Francisco", 678)
    city_graph2.add_edge_by_vertices("San Francisco", "Riverside", 386)
    city_graph2.add_edge_by_vertices("San Francisco", "Los Angeles", 348)
    city_graph2.add_edge_by_vertices("Los Angeles", "Riverside", 50)
    city_graph2.add_edge_by_vertices("Los Angeles", "Phoenix", 357)
    city_graph2.add_edge_by_vertices("Riverside", "Phoenix", 307)
    city_graph2.add_edge_by_vertices("Riverside", "Chicago", 1704)
    city_graph2.add_edge_by_vertices("Phoenix", "Dallas", 887)
    city_graph2.add_edge_by_vertices("Phoenix", "Houston", 1015)
    city_graph2.add_edge_by_vertices("Dallas", "Chicago", 805)
    city_graph2.add_edge_by_vertices("Dallas", "Atlanta", 721)
    city_graph2.add_edge_by_vertices("Dallas", "Houston", 225)
    city_graph2.add_edge_by_vertices("Houston", "Atlanta", 702)
    city_graph2.add_edge_by_vertices("Houston", "Miami", 968)
    city_graph2.add_edge_by_vertices("Atlanta", "Chicago", 588)
    city_graph2.add_edge_by_vertices("Atlanta", "Washington", 543)
    city_graph2.add_edge_by_vertices("Atlanta", "Miami", 604)
    city_graph2.add_edge_by_vertices("Miami", "Washington", 923)
    city_graph2.add_edge_by_vertices("Chicago", "Detroit", 238)
    city_graph2.add_edge_by_vertices("Detroit", "Boston", 613)
    city_graph2.add_edge_by_vertices("Detroit", "Washington", 396)
    city_graph2.add_edge_by_vertices("Detroit", "New York", 482)
    city_graph2.add_edge_by_vertices("Boston", "New York", 190)
    city_graph2.add_edge_by_vertices("New York", "Philadelphia", 81)
    city_graph2.add_edge_by_vertices("Philadelphia", "Washington", 123)

    result: Optional[WeightedPath] = mst(city_graph2)
    if result is None:
        print("No solution found!")
    else:
        print_weighted_path(city_graph2, result)
```

好在有美观打印方法 printWeightedPath()，最小生成树的可读性很不错。

```
Seattle 678> San Francisco
San Francisco 348> Los Angeles
Los Angeles 50> Riverside
Riverside 307> Phoenix
Phoenix 887> Dallas
Dallas 225> Houston
Houston 702> Atlanta
Atlanta 543> Washington
Washington 123> Philadelphia
Philadelphia 81> New York
New York 190> Boston
Washington 396> Detroit
Detroit 238> Chicago
Atlanta 604> Miami
Total Weight: 5372
```

换句话说，这是加权图中连通所有 MSA 的总边长最短的组合，至少需要轨道 8645 km。图 4-7 呈现了这棵最小生成树。

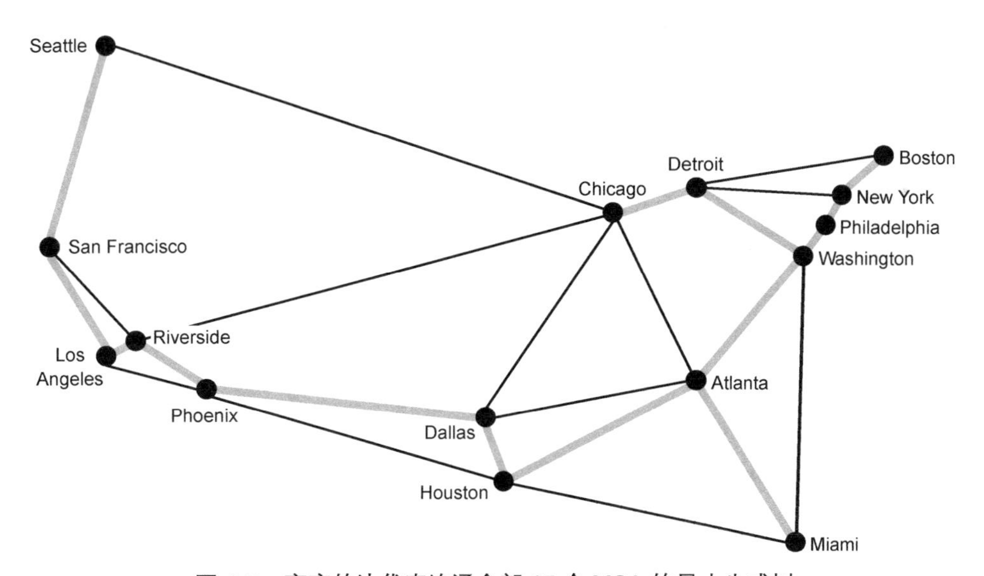

图 4-7　高亮的边代表连通全部 15 个 MSA 的最小生成树

4.5　在加权图中查找最短路径

随着超级高铁网络的开建，建造商不大可能有雄心一次就实现整个国家的连通。他们可能希望最大限度地降低在主要城市之间铺设轨道的成本。将超级高铁网络延伸至某个城市的成本显然取决于从哪里开始修建。

计算从某个起点城市到任一城市的成本是一种“单源最短路径”（single-source shortest path）问题。此问题可以表述为：“在加权图中，从某个顶点到其他每个顶点的最短路径（以边的总权重计）是什么？”

Dijkstra 算法

Dijkstra 算法能解决单源最短路径问题。只要给定一个起始顶点，它就会返回抵达加权图中其他任一顶点的最小权重路径，同时它还会返回从起始顶点到其他每一个顶点的最小总权重。Dijkstra 算法从单源顶点开始，不断探索距离起始顶点最近的顶点，因此，与 Jarník 算法类似，Dijkstra 算法也是一种贪婪算法。当 Dijkstra 算法遇到新顶点时，将会记录新顶点与起始顶点之间的距离，并在找到更短路径时更新该距离值。Dijkstra 算法还会把到达每个顶点的边都记录下来，就像广度优先搜索一样。

下面是 Dijkstra 算法的全部步骤。

（1）将起始顶点加入优先队列。

（2）从优先队列中弹出距离最近的顶点（一开始即为起始顶点），我们称之为当前顶点。

（3）逐个查看连接到当前顶点的所有邻居。如果之前这些顶点尚未被记录过，或者到这些顶点的边给出了新的最短路径，就逐个记录它们与起点之间的距离以及产生该距离的边，并把新顶点加入优先队列。

（4）重复第 2 步和第 3 步，直至优先队列为空为止。

（5）返回起始顶点与每个顶点之间的最短距离和路径。

Dijkstra 算法的代码中包含一个简单的数据结构 `DijkstraNode`，用于记录目前已探索的每个顶点相关的成本，以便用于比较。这类似于第 2 章的 `Node` 类。它还包含几个实用函数，涉及将返回的距离数组转换为更易于按顶点查找的结构，以及用 `dijkstra()` 返回的路径字典计算出到指定目标顶点的最短路径。

言归正传，下面给出 Dijkstra 算法的代码，如代码清单 4-13 所示。后面将会逐行过一遍这段代码。

代码清单 4-13 dijkstra.py

```
from __future__ import annotations
from typing import TypeVar, List, Optional, Tuple, Dict
from dataclasses import dataclass
from mst import WeightedPath, print_weighted_path
from weighted_graph import WeightedGraph
from weighted_edge import WeightedEdge
```

```python
from priority_queue import PriorityQueue

V = TypeVar('V') # type of the vertices in the graph

@dataclass
class DijkstraNode:
    vertex: int
    distance: float

    def __lt__(self, other: DijkstraNode) -> bool:
        return self.distance < other.distance

    def __eq__(self, other: DijkstraNode) -> bool:
        return self.distance == other.distance

def dijkstra(wg: WeightedGraph[V], root: V) -> Tuple[List[Optional[float]], Dict[int,
 WeightedEdge]]:
    first: int = wg.index_of(root) # find starting index
    # distances are unknown at first
    distances: List[Optional[float]] = [None] * wg.vertex_count
    distances[first] = 0 # the root is 0 away from the root
    path_dict: Dict[int, WeightedEdge] = {} # how we got to each vertex
    pq: PriorityQueue[DijkstraNode] = PriorityQueue()
    pq.push(DijkstraNode(first, 0))

    while not pq.empty:
        u: int = pq.pop().vertex # explore the next closest vertex
        dist_u: float = distances[u] # should already have seen it
        # look at every edge/vertex from the vertex in question
        for we in wg.edges_for_index(u):
            # the old distance to this vertex
            dist_v: float = distances[we.v]
            # no old distance or found shorter path
            if dist_v is None or dist_v > we.weight + dist_u:
                # update distance to this vertex
                distances[we.v] = we.weight + dist_u
                # update the edge on the shortest path to this vertex
                path_dict[we.v] = we
                # explore it soon
                pq.push(DijkstraNode(we.v, we.weight + dist_u))

    return distances, path_dict
```

```
# Helper function to get easier access to dijkstra results
def distance_array_to_vertex_dict(wg: WeightedGraph[V], distances: List[Optional[float]])
     -> Dict[V, Optional[float]]:
    distance_dict: Dict[V, Optional[float]] = {}
    for i in range(len(distances)):
        distance_dict[wg.vertex_at(i)] = distances[i]
    return distance_dict

# Takes a dictionary of edges to reach each node and returns a list of
# edges that goes from `start` to `end`
def path_dict_to_path(start: int, end: int, path_dict: Dict[int, WeightedEdge]) ->
    WeightedPath:
    if len(path_dict) == 0:
        return []
    edge_path: WeightedPath = []
    e: WeightedEdge = path_dict[end]
    edge_path.append(e)
    while e.u != start:
        e = path_dict[e.u]
        edge_path.append(e)
    return list(reversed(edge_path))
```

dijkstra()的前几行用到了我们熟悉的数据结构，但 distances 除外，它是从 root 到图中每个顶点的距离的占位符。最初所有这些距离都是 None，因为我们尚不知道这些距离有多长，这正是要用 Dijkstra 算法来弄清楚的事情！

```
def dijkstra(wg: WeightedGraph[V], root: V) ->Tuple[List[Optional[float]], Dict[int,
     WeightedEdge]]:
    first: int = wg.index_of(root) # find starting index
    # distances are unknown at first
    distances: List[Optional[float]] = [None] * wg.vertex_count
    distances[first] = 0 # the root is 0 away from the root
    path_dict: Dict[int, WeightedEdge] = {} # how we got to each vertex
    pq: PriorityQueue[DijkstraNode] = PriorityQueue()
    pq.push(DijkstraNode(first, 0))
```

第一个压入优先队列的节点包括根顶点。

```
while not pq.empty:
    u: int = pq.pop().vertex # explore the next closest vertex
    dist_u: float = distances[u] # should already have seen it
```

Dijkstra 算法将持续运行，直至优先级队列变空为止。u 是我们正要搜索的当前顶点，dist_u

是已记录下来的沿着已知路径到达 u 的距离。当前探索过的每个顶点都是已找到的，因此它们必须带有已知的距离。

```
    # look at every edge/vertex from here
    for we in wg.edges_for_index(u):
        # the old distance to this
        dist_v: float = distances[we.v]
```

接下来，对连接到 u 的每条边进行探索。dist_v 是指从 u 到任何已知与 u 有边相连的顶点的距离。

```
        # no old distance or found shorter path
        if dist_v is None or dist_v > we.weight + dist_u:
            # update distance to this vertex
            distances[we.v] = we.weight + dist_u
            # update the edge on the shortest path
            path_dict[we.v] = we
            # explore it soon
            pq.push(DijkstraNode(we.v, we.weight + dist_u))
```

如果我们发现一个尚未被探索过（dist_v 为 None）的顶点，或者找到一条新的、更短的路径能到达它，就会记录到达 v 的新的最短距离和到达那里的边。最后，我们把新发现路径到达的顶点全都压入优先队列。

```
    return distances, path_dict
```

dijkstra()返回从根顶点到加权图中每个顶点的距离，以及能够揭示到达这些顶点的最短路径的 path_dict。

现在我们可以放心运行 Dijkstra 算法了。我们先从 Los Angeles 开始测算到达图中其他所有 MSA 的距离，然后就会找到 Los Angeles 和 Boston 之间的最短路径，最后，将用 print_weighted_path()美观打印出结果。具体代码如代码清单 4-14 所示。

代码清单 4-14 dijkstra.py（续）

```
if __name__ == "__main__":
    city_graph2: WeightedGraph[str] = WeightedGraph(["Seattle", "San Francisco", "Los
     Angeles", "Riverside", "Phoenix", "Chicago", "Boston", "New York", "Atlanta",
     "Miami",  "Dallas", "Houston", "Detroit", "Philadelphia", "Washington"])

    city_graph2.add_edge_by_vertices("Seattle", "Chicago", 1737)
    city_graph2.add_edge_by_vertices("Seattle", "San Francisco", 678)
    city_graph2.add_edge_by_vertices("San Francisco", "Riverside", 386)
    city_graph2.add_edge_by_vertices("San Francisco", "Los Angeles", 348)
    city_graph2.add_edge_by_vertices("Los Angeles", "Riverside", 50)
```

```
city_graph2.add_edge_by_vertices("Los Angeles", "Phoenix", 357)
city_graph2.add_edge_by_vertices("Riverside", "Phoenix", 307)
city_graph2.add_edge_by_vertices("Riverside", "Chicago", 1704)
city_graph2.add_edge_by_vertices("Phoenix", "Dallas", 887)
city_graph2.add_edge_by_vertices("Phoenix", "Houston", 1015)
city_graph2.add_edge_by_vertices("Dallas", "Chicago", 805)
city_graph2.add_edge_by_vertices("Dallas", "Atlanta", 721)
city_graph2.add_edge_by_vertices("Dallas", "Houston", 225)
city_graph2.add_edge_by_vertices("Houston", "Atlanta", 702)
city_graph2.add_edge_by_vertices("Houston", "Miami", 968)
city_graph2.add_edge_by_vertices("Atlanta", "Chicago", 588)
city_graph2.add_edge_by_vertices("Atlanta", "Washington", 543)
city_graph2.add_edge_by_vertices("Atlanta", "Miami", 604)
city_graph2.add_edge_by_vertices("Miami", "Washington", 923)
city_graph2.add_edge_by_vertices("Chicago", "Detroit", 238)
city_graph2.add_edge_by_vertices("Detroit", "Boston", 613)
city_graph2.add_edge_by_vertices("Detroit", "Washington", 396)
city_graph2.add_edge_by_vertices("Detroit", "New York", 482)
city_graph2.add_edge_by_vertices("Boston", "New York", 190)
city_graph2.add_edge_by_vertices("New York", "Philadelphia", 81)
city_graph2.add_edge_by_vertices("Philadelphia", "Washington", 123)

distances, path_dict = dijkstra(city_graph2, "Los Angeles")
name_distance: Dict[str, Optional[int]] = distance_array_to_vertex_dict(city_graph2,
distances)
print("Distances from Los Angeles:")
for key, value in name_distance.items():
    print(f"{key} : {value}")
print("") # blank line

print("Shortest path from Los Angeles to Boston:")
path: WeightedPath = path_dict_to_path(city_graph2.index_of("Los Angeles"), city_
 graph2.index_of("Boston"), path_dict)
print_weighted_path(city_graph2, path)
```

输出应该会如下所示：

```
Distances from Los Angeles:
Seattle : 1026
San Francisco : 348
Los Angeles : 0
Riverside : 50
Phoenix : 357
```

```
Chicago : 1754
Boston : 2605
New York : 2474
Atlanta : 1965
Miami : 2340
Dallas : 1244
Houston : 1372
Detroit : 1992
Philadelphia : 2511
Washington : 2388

Shortest path from Los Angeles to Boston:
Los Angeles 50> Riverside
Riverside 1704> Chicago
Chicago 238> Detroit
Detroit 613> Boston
Total Weight: 2605
```

或许大家已经注意到了，Dijkstra 算法与 Jarník 算法有一些相似之处。它们都是贪婪算法，如果有人动力十足，完全可以用相当类似的代码去实现它们。另一个与 Dijkstra 类似的算法是第 2 章中讲过的 A*算法。A*算法可以被认为是对 Dijkstra 算法的改进。这两种算法都一样，加入启发式信息并将 Dijkstra 算法限定为查找单个目标。

注意 Dijkstra 算法是为具有正权重的图设计的。对 Dijkstra 算法而言，边的权重为负数的图是一个挑战，因此需要做出相应修改或换用别的算法。

4.6 现实世界的应用

现实世界中有大量问题都可以图来表示。本章已经介绍了图能高效地解决交通网络问题，而很多其他类型的网络都有同样的重要优化问题：电话网络、计算机网络和公用事业（电力、供水等）网络。因此，图算法对于提高电信、航运、交通和公用事业行业的效率至关重要。

零售商必须处理复杂的配送问题。商店和仓库可以被视作顶点，它们之间的距离就是边。算法是一样的。互联网本身就是一个巨大的图，每个连网的设备都是一个顶点，每个有线或无线连接就是一条边。最小生成树和最短路径问题的求解方案不仅可以用于游戏，而且对于企业节省燃料或者电线也同样适用。有一些世界著名的品牌企业通过优化图问题的解法而获得了成功，沃尔玛构建了一个高效的配送网络，谷歌为整个互联网（一张巨大的图）建立了索引，联邦快递找到了一系列能够连通世界所有地址的中转枢纽。

图算法的一些显而易见的应用是社交网络和地图的应用。在社交网络中，人就是顶点，而关系（例如 Facebook 的朋友圈）就是边。事实上，Facebook 的最著名的开发者工具之一就被称为 Graph API。在 Apple Maps 和 Google Maps 等地图应用中，图算法用于指明方向和计算行程所需的时间。

有一些流行的视频游戏也明确用到了图算法。MiniMetro 和 Ticket to Ride 就是与本章所解问题密切相关的两个游戏示例。

4.7 习题

1. 请给图的框架代码添加边和顶点的移除功能。
2. 请给图的框架代码添加对有向图的支持功能。
3. 用本章的图框架证明或反驳经典的柯尼斯堡七桥问题（Bridges of Königsberg），参见对应的维基百科词条。

第 5 章　遗传算法

日常的编程问题不会用到遗传算法（genetic algorithm）。当传统的算法不足以在合理的时间内找到问题的解时，不妨求助于遗传算法。换句话说，遗传算法通常留待问题复杂且没有简单解法时才会使用。如果要了解这些复杂的问题可能会是什么，不妨先阅读 5.7 节后再回来继续。一个很有意思的例子是蛋白质配体停靠和药物设计。计算生物学家需要设计出能够与受体结合的分子，以便生成药物。对于设计特定分子可能没有什么明确的算法可用，但大家会看到，在对目标问题的定义之外没有太多方向的情况下，有时候用遗传算法可以给出一个答案。

5.1　生物学背景知识

在生物学中，进化论解释了基因突变与环境约束一起，如何导致生物随时间的推移而发生变化（包括物种的形成——新物种的产生）。适应能力强的生物获得成功，适应能力弱的生物走向失败，这种机制被称为自然选择（natural selection）。每一代物种将包含带有差异特性（有时是新特性）的个体，这些差异特性是通过基因突变产生的。为了生存，所有个体都要竞争有限的资源，因为个体数量超过了资源的供给，所以有一些个体必须牺牲。

带有变异基因的个体更适于生存，生存和繁殖的概率会更高。随着时间的推移，一定环境下适应能力更强的个体将有更多的后代，并通过遗传将变异传给这些后代。因此，利于生存的变异最终可能在种群中发展壮大。

举个例子，如果细菌会被某种抗生素杀死，而细菌种群中有某个细菌带有对抗生素更具抵抗力的基因变异，则它更有可能存活并繁殖下去。如果随着时间的推移不断施用抗生素，则那些遗传了抵抗抗生素基因的细菌的后代将更有可能繁殖并拥有自己的后代。因为抗生素的持续攻击会杀死没有变异的个体，所以最终整个种群都可能会带有变异。抗生素不会导致变异的发展，但它确实会导致变异个体的增殖。

自然选择理论已在生物学以外的领域得到应用。社会达尔文主义（Social Darwinism）就是应用于社会理论领域的自然选择。在计算机科学中，遗传算法是对自然选择的模拟，用来应对计算科学领域的挑战。

遗传算法包含了名为*染色体*（chromosome）的个体组成的*种群*。所有染色体都要竞争解决一些问题，每条染色体都由定义其特性的*基因*组成。染色体解决问题的能力由*适应度函数*（fitness function）定义。

遗传算法要经历很多*代*（generation）。在每一代中，适应力较强的染色体更有可能被*选中*进行繁殖。每一代中还有可能发生两条染色体的基因合并，这被称为*交换*（crossover）。此外，每一代都有一种重要的可能性，即染色体中的基因可能会随机发生*变异*（mutate）。

当种群中某些个体的适应度函数超过某个指定阈值后，或者算法运行了指定数量的代之后，将会返回表现最佳的个体（适应度函数中得分最高的个体）。

遗传算法并不是解决所有问题的好办法。它们依赖 3 种部分或完全随机的操作：选择、交换和变异。因此，它们可能无法在合理的时间内找到最优解。对大多数问题而言，更具确定性的算法会更有保证，但是有些问题不存在快速的确定性算法，在这些情况下，遗传算法就是一个不错的选择。

5.2　通用的遗传算法

遗传算法通常是高度专用的，需要针对特定应用进行调优。在本章中，我们将定义一种通用的遗传算法，该算法适用于多种问题，且未针对其中任意一类问题进行专门的调优。虽然它会包含一些可配置的选项，但目标仍是为了演示算法的基本原理而不是可调优的程度。

首先我们将定义一个接口，以便定义该通用算法能够操作的个体。抽象类 `Chromosome` 定义了 4 种基本特征。染色体必须能够实现以下几个功能。

- 确定自己的适应度。
- 创建一个携带了随机选中基因的实例（用于填充第一代个体的数据）。
- 实现交换，即让自己与另一个同类结合并创建后代，换句话说，就是使自己与另一条染色体混合。
- 变异——让自己的体内数据发生相当随机的小变化。

代码清单 5-1 中给出了实现上述 4 个功能的 `Chromosome` 代码。

代码清单 5-1　chromosome.py

```
from __future__ import annotations
from typing import TypeVar, Tuple, Type
```

```
from abc import ABC, abstractmethod

T = TypeVar('T', bound='Chromosome') # for returning self

# Base class for all chromosomes; all methods must be overridden
class Chromosome(ABC):
    @abstractmethod
    def fitness(self) -> float:
        ...
    @classmethod
    @abstractmethod
    def random_instance(cls: Type[T]) -> T:
        ...
    @abstractmethod
    def crossover(self: T, other: T) -> Tuple[T, T]:
        ...
    @abstractmethod
    def mutate(self) -> None:
        ...
```

提示 在构造函数中，将会把 TypeVar T 与 Chromosome 进行绑定，这意味着任何填入 T 类型变量的对象都必须是 Chromosome 的实例或子类。

算法本身（操纵染色体的代码）将被实现为一个泛型类，以便将来能够为专用的应用程序自由地实现子类化。但首先请重温一下本章开头对遗传算法的描述，清晰定义出执行遗传算法的步骤。

（1）创建随机的染色体初始种群，作为算法的第一代数据。

（2）测算这一代种群中每条染色体的适应度，如果有超过阈值的就将其返回，算法结束。

（3）选择一些个体进行繁殖，适应度最高的个体被选中的概率更大。

（4）某些被选中的染色体以一定的概率发生交换（结合），创建代表下一代种群的后代。

（5）通常某些染色体发生变异的概率比较低。这样新一代的种群就已创建完毕，它将取代上一代种群。

（6）返回第 2 步继续执行，直至代的数量到达最大值，然后返回当前找到的最优染色体。

以上对遗传算法的概述（如图 5-1 所示）缺少了许多重要的细节。种群中应该包含多少染色体？算法停止执行的阈值是多少？该如何选择要进行繁殖的染色体？它们该以多大的概率以及如何进行结合（交换）？发生变异的概率是多大？应该运行几代？

所有这些关键点都可以在 GeneticAlgorithm 类中进行配置。后续我们将逐点进行定义，这样就可以单独对每一点进行讨论了。具体代码如代码清单 5-2 所示。

代码清单 5-2　genetic_algorithm.py

```
from __future__ import annotations
from typing import TypeVar, Generic, List, Tuple, Callable
from enum import Enum
from random import choices, random
from heapq import nlargest
from statistics import mean
from chromosome import Chromosome

C = TypeVar('C', bound=Chromosome) # type of the chromosomes

class GeneticAlgorithm(Generic[C]):
    SelectionType = Enum("SelectionType", "ROULETTE TOURNAMENT")
```

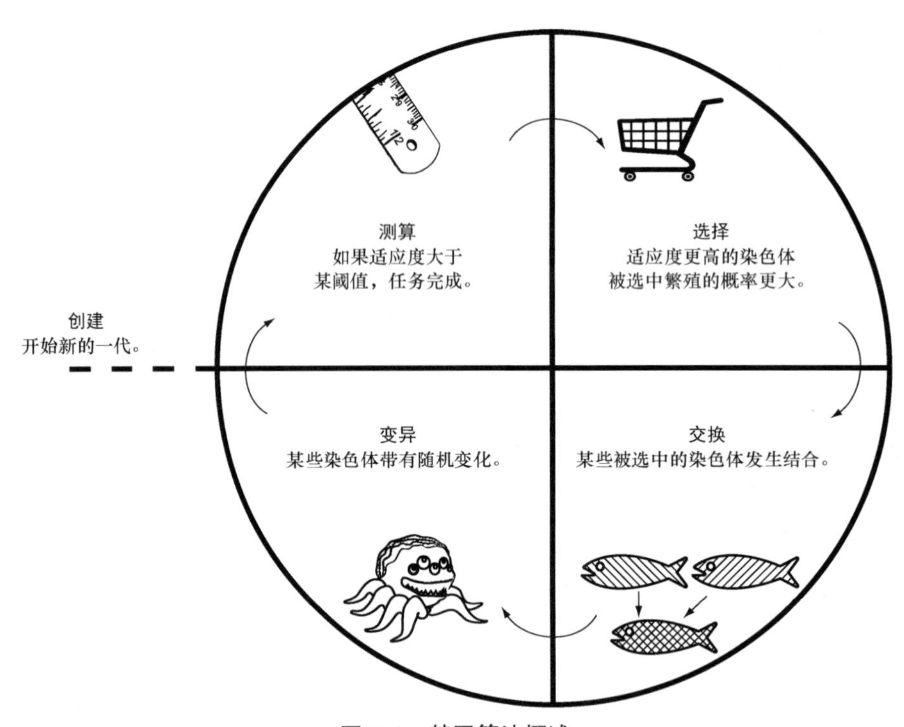

图 5-1　基因算法概述

GeneticAlgorithm的参数名为C，是符合Chromosome类的泛型类型。枚举SelectionType是一种内部类型，用于指定算法使用的选择方法。最常见的两种遗传算法的选择方法被称为轮盘式选择法（roulette-wheel selection）和锦标赛选择法（tournament selection），轮盘式选择法有时也被称为适应度比例选择法（fitness proportionate selection）。轮盘式选择法让每条染色体都有机会被选中，与其适应度成正比。在锦标赛选择法中，一定数量的随机染色体会相互挑战，适应度最佳的那个染色体将会被选中。具体代码如代码清单 5-3 所示。

代码清单 5-3 genetic_algorithm.py（续）

```
    def __init__(self, initial_population: List[C], threshold: float, max_generations:
        int = 100, mutation_chance: float = 0.01, crossover_chance: float = 0.7,
        selection_type: SelectionType = SelectionType.TOURNAMENT) -> None:
        self._population: List[C] = initial_population
        self._threshold: float = threshold
        self._max_generations: int = max_generations
        self._mutation_chance: float = mutation_chance
        self._crossover_chance: float = crossover_chance
        self._selection_type: GeneticAlgorithm.SelectionType = selection_type
        self._fitness_key: Callable = type(self._population[0]).fitness
```

代码清单 5-3 中给出了遗传算法的所有属性，它们将在对象被创建时由`__init__()`进行配置。`initial_population` 是算法的第一代中的染色体。`threshold` 是适应度水平，该水平标示本遗传算法要求解的问题的解已经找到了。`max_generations` 表示最多要运行几代。如果我们运行了很多代还没有找到适应度水平超过 `threshold` 的解，则会返回已找到的最优解。`mutation_chance` 是每一代中每条染色体发生变异的概率。`crossover_chance` 是被选中繁殖的双亲生育出带有它们的混合基因的后代的概率，若无混合基因的后代，则后代只是其双亲的副本。`selection_type` 是要采用的选择法的类型，由枚举 `SelectionType` 进行说明。

上述`__init__`方法需要给出一长串的参数，其中大多数都带有默认值。这些参数对上述介绍过的可配置属性建立了实例。本示例采用 `Chromosome` 类的 `random_instance()`方法，把 `_population` 初始化为一系列随机的染色体。换句话说，第一代染色体只是一群随机的个体。更复杂的遗传算法可以对此做出优化。经过对问题的一些了解，可以不从纯随机的个体开始，第一代种群可以包含更接近于解的个体，这被称为播种（seeding）。

`_fitness_key` 是对 `GeneticAlgorithm` 一直都要用到的方法的一个引用，用于计算染色体的适应度。回想一下，`GeneticAlgorithm` 类需要操纵 `Chromosome` 的子类，因此，`_fitness_key` 将因子类的不同而不同。为了能访问它，我们用 `type()`来引用当前正待求适应度的 `Chromosome` 的某个子类。

下面将介绍本类支持的两种选择法。具体代码如代码清单 5-4 和代码清单 5-5 所示。

代码清单 5-4 genetic_algorithm.py（续）

```
    # Use the probability distribution wheel to pick 2 parents
    # Note: will not work with negative fitness results
    def _pick_roulette(self, wheel: List[float]) -> Tuple[C, C]:
```

```
    return tuple(choices(self._population, weights=wheel, k=2))
```

依据每个染色体的适应度与同一代所有适应度之和的比例，采用轮盘式选择法做出选择。适应度最高的染色体被选中的概率会更高一些。代表每个染色体适应度的值由参数 wheel 给出。实际的选择过程用 choices() 函数即可很方便地完成，该函数位于 Python 标准库的 random 模块中。该函数的参数包括待选取的对象列表、该列表中每项的权重的列表（与第一个参数列表等长）和要选中的项数。

如果我们要自己实现 choices() 函数，可以计算每一个列表项占总适应度的百分比（相对适应度），表示为 0 到 1 之间的浮点数。用一个 0 到 1 之间的随机数（pick）即可算出应该选择哪一条染色体。依次使 pick 减去每个染色体的相对适应度，本算法即能正常工作。当 pick 小于 0 时，就遇到了要选中的染色体。

请问上述过程有道理吗？根据适应度的比例就能让每个染色体可供选择吗？如果没有理解，请拿出纸和笔来思考一下。请画出一个表示比例的轮盘，如图 5-2 所示。

最基础的锦标赛选择法要比轮盘式选择法简单。它不需要计算比例，只要随机从整个种群中选出 k 个染色体即可。在这些随机选出的个体中，适应度最佳的两个染色体将会胜出。

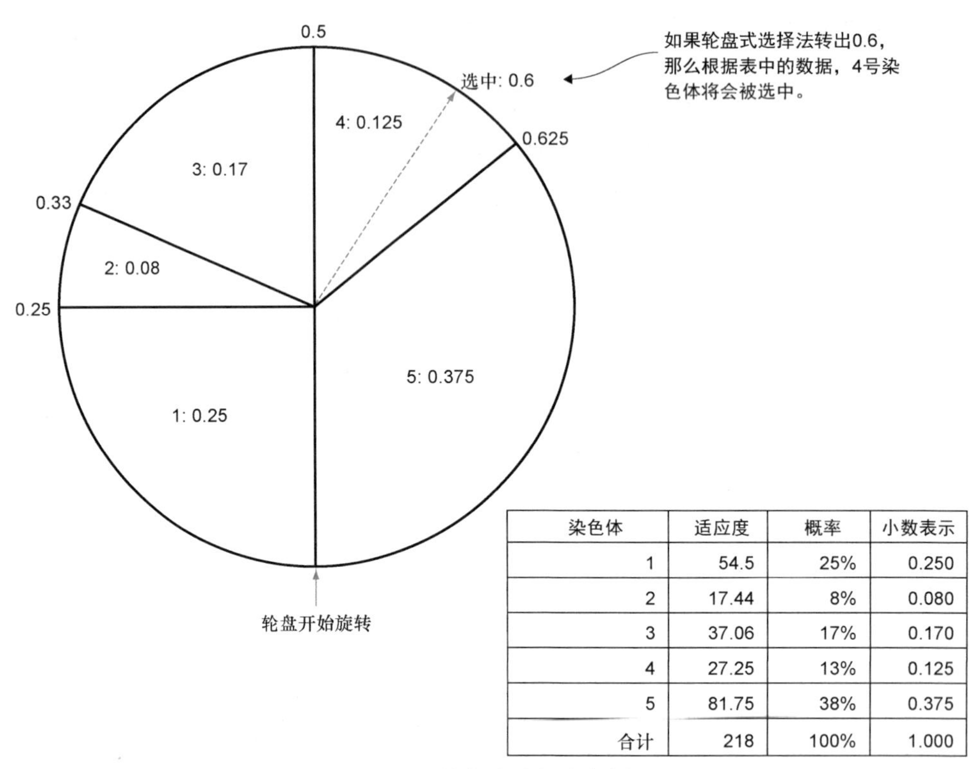

染色体	适应度	概率	小数表示
1	54.5	25%	0.250
2	17.44	8%	0.080
3	37.06	17%	0.170
4	27.25	13%	0.125
5	81.75	38%	0.375
合计	218	100%	1.000

图 5-2　轮盘式选择法实例

代码清单 5-5 genetic_algorithm.py（续）

```
    # Choose num_participants at random and take the best 2
    def _pick_tournament(self, num_participants: int) -> Tuple[C, C]:
        participants: List[C] = choices(self._population, k=num_participants)
        return tuple(nlargest(2, participants, key=self._fitness_key))
```

_pick_tournament()先利用 choices()从_population 中随机选取 num_participants 个参赛者，然后利用 heapq 模块中的 nlargest()函数，找到_fitness_key 最大的两个个体。num_participants 应该取多大值合适呢？与遗传算法中的很多参数一样，不断试错可能是最佳方案。有一件事必须牢记，锦标赛的参赛者越多，种群的多样性就会越少，因为适应度较低的染色体将更有可能在竞争中被消灭[①]。更复杂一些的锦标赛选择法可能会选取不是最强的那些个体，而是基于某种递减概率模型（decreasing probability model）选取第 2 强或第 3 强的个体。

_pick_roulette()和_pick_tournament()这两个方法都可用于做出选择，选择在繁殖期间发生。在_reproduce_and__replace()中不仅实现了繁殖过程，它还负责确保用包含等量染色体的新种群替换上一代的染色体。具体代码如代码清单 5-6 所示。

代码清单 5-6 genetic_algorithm.py（续）

```
    # Replace the population with a new generation of individuals
    def _reproduce_and_replace(self) -> None:
        new_population: List[C] = []
        # keep going until we've filled the new generation
        while len(new_population) < len(self._population):
            # pick the 2 parents
            if self._selection_type == GeneticAlgorithm.SelectionType.ROULETTE:
                parents: Tuple[C, C] = self._pick_roulette([x.fitness() for x in
                 self._population])
            else:
                parents = self._pick_tournament(len(self._population) // 2)
            # potentially crossover the 2 parents
            if random() < self._crossover_chance:
                new_population.extend(parents[0].crossover(parents[1]))
            else:
                new_population.extend(parents)
        # if we had an odd number, we'll have 1 extra, so we remove it
        if len(new_population) > len(self._population):
```

① 参见 Artem Sokolov 和 Darrell Whitley 的 *Unbiased Tournament Selection*（GECCO'05，June 25–29，2005，Washington，D.C.，U.S.A.）。

```
            new_population.pop()
        self._population = new_population # replace reference
```

在_reproduce_and_replace()中，粗略地实现了以下步骤。

（1）用两种选择法之一选出两条名为 parents 的染色体，用于进行繁殖。若是锦标赛选择法，则始终在整个种群的半数个体中进行竞赛，不过这是一个可配置的选项。

（2）双亲将以一定概率（_crossover_chance）结合并产生两条新的染色体，这时两条新的染色体会被添加到 new_population 中。如果没有后代，则把 parents 直接加入 new_population 中。

（3）如果 new_population 拥有与_population 同样多的染色体，则替换之；否则返回第 1 步。

实现变异的方法_mutate()十分简单，我们将如何执行变异的细节留给了染色体类去实现。具体代码如代码清单 5-7 所示。

代码清单 5-7 genetic_algorithm.py（续）

```
    # With _mutation_chance probability mutate each individual
    def _mutate(self) -> None:
        for individual in self._population:
            if random() < self._mutation_chance:
                individual.mutate()
```

目前我们已经有了运行遗传算法所需的所有构成部分。run()负责协同测算、繁殖（包括选择）和变异等步骤，将种群从一代传到下一代。它还会在搜索过程中随时记录下找到的最佳（适应性最强）染色体。具体代码如代码清单 5-8 所示。

代码清单 5-8 genetic_algorithm.py（续）

```
    # Run the genetic algorithm for max_generations iterations
    # and return the best individual found
    def run(self) -> C:
        best: C = max(self._population, key=self._fitness_key)
        for generation in range(self._max_generations):
            # early exit if we beat threshold
            if best.fitness() >= self._threshold:
                return best
            print(f"Generation {generation} Best {best.fitness()} Avg {mean(map(self._
             fitness_key, self._population))}")
            self._reproduce_and_replace()
            self._mutate()
            highest: C = max(self._population, key=self._fitness_key)
```

```
        if highest.fitness() >best.fitness():
            best = highest # found a new best
    return best # best we found in _max_generations
```

best 记录了到目前为止发现的最佳染色体。主循环最多执行_max_generations 次。只要有任何染色体的适应度超过 threshold，就会返回该染色体，方法也就结束运行；否则就会调用_reproduce_and_replace()和_mutate()来创建下一代，并再次运行循环。如果循环次数到达_max_generations，则返回到目前为止找到的最佳染色体。

5.3 简单测试

通用遗传算法 GeneticAlgorithm 适用于任何实现了 Chromosome 的类型。我们先来实现一个可以用传统方法轻松求解的简单问题作为测试，我们尽量让算式 $6x - x^2 + 4y - y^2$ 的值最大化。换句话说就是，算式中的 x 和 y 取什么值会使该算式产生最大值？

利用微积分知识，分别对两个变量求偏导数并设为 0，即可求得最大值。结果是 $x = 3$ 且 $y = 2$。本章中的遗传算法可以在不使用微积分的情况下得到相同的结果吗？下面将做深入的研究。具体代码如代码清单 5-9 所示。

代码清单 5-9 simple_equation.py

```
from __future__ import annotations
from typing import Tuple, List
from chromosome import Chromosome
from genetic_algorithm import GeneticAlgorithm
from random import randrange, random
from copy import deepcopy


class SimpleEquation(Chromosome):
    def __init__(self, x: int, y: int) -> None:
        self.x: int = x
        self.y: int = y


    def fitness(self) -> float: # 6x - x^2 + 4y - y^2
        return 6 * self.x - self.x * self.x + 4 * self.y - self.y * self.y

    @classmethod
    def random_instance(cls) -> SimpleEquation:
        return SimpleEquation(randrange(100), randrange(100))

    def crossover(self, other:SimpleEquation) ->Tuple[SimpleEquation,SimpleEquation]:
```

```
        child1:SimpleEquation = deepcopy(self)
        child2:SimpleEquation = deepcopy(other)
        child1.y = other.y
        child2.y = self.y
        return child1, child2

    def mutate(self) -> None:
        if random() > 0.5: # mutate x
            if random() > 0.5:
                self.x += 1
            else:
                self.x -= 1
        else: # otherwise mutate y
            if random() > 0.5:
                self.y += 1
            else:
                self.y -= 1

    def __str__(self) -> str:
        return f"X: {self.x} Y: {self.y} Fitness: {self.fitness()}"
```

SimpleEquation 符合 Chromosome 的特征，正如其名，它的代码也尽量写得简单一些。SimpleEquation 染色体中的基因可被视为 x 和 y 两种。方法 fitness() 用算式 $6x-x^2+4y-y^2$ 来对 x 和 y 进行评分。根据 GeneticAlgorithm，分值越大，个体的染色体适应度越高。在实例随机的情况下，x 和 y 的初值设为 0 到 100 之间的随机整数，因此除用这两个值实例化新的 SimpleEquation 之外，random_instance() 不需要执行别的操作了。要在 crossover() 中让两个 SimpleEquation 结合，只需交换两个实例的 y 值即可创建两个后代。mutate() 将随机增或减 x 值或 y 值。到此就足矣了。

因为 SimpleEquation 符合 Chromosome 的特征，所以现在我们已经可以将它放入 GeneticAlgorithm 中了。具体代码如代码清单 5-10 所示。

代码清单 5-10 simple_equation.py（续）

```
if __name__ == "__main__":
    initial_population: List[SimpleEquation] = [SimpleEquation.random_instance() for _ in range(20)]
    ga: GeneticAlgorithm[SimpleEquation] = GeneticAlgorithm(initial_population=initial_population, threshold=13.0, max_generations = 100, mutation_chance = 0.1, crossover_chance = 0.7)
    result:SimpleEquation = ga.run()
    print(result)
```

这里用到的参数是通过猜测检测（guess-and-check）得出的。不妨试试其他值。因为我们已经知道正确答案了，所以 threshold 被设为 13.0。当 $x=3$ 且 $y=2$ 时，算式的值等于 13。

如果事先不知道答案，那么或许要经过很多代才能找到最优解。这时可以将 threshold 设为任意数字。请记住，因为遗传算法是随机运行的，所以每次运行都会得到不同的结果。

下面是某次运行后的输出示例，遗传算法在第 9 代中求得了算式的解：

```
Generation 0 Best -349 Avg -6112.3
Generation 1 Best 4 Avg -1306.7
Generation 2 Best 9 Avg -288.25
Generation 3 Best 9 Avg -7.35
Generation 4 Best 12 Avg 7.25
Generation 5 Best 12 Avg 8.5
Generation 6 Best 12 Avg 9.65
Generation 7 Best 12 Avg 11.7
Generation 8 Best 12 Avg 11.6
X: 3 Y: 2 Fitness: 13
```

如上所述，遗传算法得出了之前用微积分推导出来的正确解，即 $x=3$ 和 $y=2$，同时还列出了几乎每一代值，随着代数的增加，得出的解越来越接近正确解。

为了找到解，遗传算法要比其他方案消耗更多的计算资源，请充分考虑这一点。在现实世界中，以上这种简单的最大值问题不能充分发挥遗传算法的作用，但它的简单实现至少足以证明，遗传算法是有效的。

5.4 重新考虑 SEND+MORE=MONEY 问题

在第 3 章中，我们用约束满足框架解决了传统的数字密码问题 SEND+MORE=MONEY。要获得有关该问题的全部内容，请回顾第 3 章中的介绍。SEND+MORE=MONEY 问题也可以由遗传算法在合理的时间内得以求解。

要表达清楚遗传算法求解方案要解决的问题，最大的困难之一就是确定问题的表示形式。对数字密码问题而言，有一种便利的表示形式就是把列表索引用作数字[①]。因此，为了表示要用到的 10 个数字（0, 1, 2, 3, 4, 5, 6, 7, 8, 9），需要采用包含 10 个元素的列表。其次，问题中待查找的字符可以在不同位置上相互调换。例如，如果怀疑某个问题的解中包括代表数字 4 的字符“E”，就让 `list[4] = "E"`。SEND + MORE = MONEY 有 8 个不同的字母（S, E, N, D, M, O, R, Y），于是数组中会留下 2 个空位。我们可以在空位中填入空格，表示此处没有字母。

① Reza Abbasian 和 Masoud Mazloom 的“Solving Cryptarithmetic Problems Using Parallel Genetic Algorithm”（2009 Second International Conference on Computer and Electrical Engineering）。

代表 SEND+MORE=MONEY 问题的染色体用 SendMoreMoney2 表示。注意，fitness() 方法与第 3 章中 SendMoreMoneyConstraint 的 satisf()方法惊人地相似。具体代码如代码清单 5-11 所示。

代码清单 5-11 send_more_money2.py

```
from __future__ import annotations
from typing import Tuple, List
from chromosome import Chromosome
from genetic_algorithm import GeneticAlgorithm
from random import shuffle, sample
from copy import deepcopy

class SendMoreMoney2(Chromosome):
    def __init__(self, letters: List[str]) -> None:
        self.letters: List[str] = letters

    def fitness(self) -> float:
        s: int = self.letters.index("S")
        e: int = self.letters.index("E")
        n: int = self.letters.index("N")
        d: int = self.letters.index("D")
        m: int = self.letters.index("M")
        o: int = self.letters.index("O")
        r: int = self.letters.index("R")
        y: int = self.letters.index("Y")
        send: int = s * 1000 + e * 100 + n * 10 + d
        more: int = m * 1000 + o * 100 + r * 10 + e
        money: int = m * 10000 + o * 1000 + n * 100 + e * 10 + y
        difference: int = abs(money - (send + more))
        return 1 / (difference + 1)

    @classmethod
    def random_instance(cls) ->SendMoreMoney2:
        letters = ["S", "E", "N", "D", "M", "O", "R", "Y", " ", " "]
        shuffle(letters)
        return SendMoreMoney2(letters)

    def crossover(self, other: SendMoreMoney2) -> Tuple[SendMoreMoney2, SendMoreMoney2]:
        child1: SendMoreMoney2 = deepcopy(self)
```

```
        child2: SendMoreMoney2 = deepcopy(other)
        idx1, idx2 = sample(range(len(self.letters)), k=2)
        l1, l2 = child1.letters[idx1], child2.letters[idx2]
        child1.letters[child1.letters.index(l2)], child1.letters[idx2] = child1.
         letters[idx2], l2
        child2.letters[child2.letters.index(l1)], child2.letters[idx1] = child2.
         letters[idx1], l1
        return child1, child2

    def mutate(self) -> None: # swap two letters' locations
        idx1, idx2 = sample(range(len(self.letters)), k=2)
        self.letters[idx1], self.letters[idx2] = self.letters[idx2], self.letters[idx1]

    def __str__(self) -> str:
        s: int = self.letters.index("S")
        e: int = self.letters.index("E")
        n: int = self.letters.index("N")
        d: int = self.letters.index("D")
        m: int = self.letters.index("M")
        o: int = self.letters.index("O")
        r: int = self.letters.index("R")
        y: int = self.letters.index("Y")
        send: int = s * 1000 + e * 100 + n * 10 + d
        more: int = m * 1000 + o * 100 + r * 10 + e
        money: int = m * 10000 + o * 1000 + n * 100 + e * 10 + y
        difference: int = abs(money - (send + more))
        return f"{send} + {more} = {money} Difference: {difference}"
```

不过，第 3 章中的 `satisfied()`和这里的 `fitness()`之间有一处重要的不同。这里返回的是 `1 / (difference + 1)`。`difference` 是 MONEY 和 SEND + MORE 之差的绝对值，表示染色体离问题的解的距离有多远。如果要让 `fitness()`的值最小化，那么返回 `difference` 就可以了。但是，因为 `GeneticAlgorithm` 要追求 `fitness()`的值最大化，所以需要将该值反转一下（值越小看起来越大），这就是要用 1 除以 `difference` 的原因。先给 `difference` 加上 1，这样，当 `difference` 为 0 时就不会导致 `fitness()`的值也为 0（而是 1）。表 5-1 演示了这一过程。

表 5-1 公式 1 / (difference + 1)如何生成适应度的最大值

difference	difference + 1	fitness (1/(difference + 1))
0	1	1
1	2	0.5

续表

difference	difference + 1	fitness (1/(difference + 1))
2	3	0.25
3	4	0.125

记住，差越小越好，适应度越高越好。因为上述公式会导致这两个因子呈线性关系，所以效果不错。将 1 除以适应度是将求最小值问题转换为求最大值问题的简单方法，但它确实引入了一些偏差，因此并非万无一失[①]。

random_instance()用到了 random 模块中的 shuffle()函数。crossover()在两个染色体的 letters 列表中选取两个随机索引，并交换两处的字母，这样最终在第 1 条染色体中有一个字母来自第 2 条染色体的同一位置，反之第 2 条染色体也是如此。这一交换过程是在子对象中执行的，这样在两个子对象中的字母的放置就完成了双亲的结合。mutate()将会交换 letters 列表中两个随机位置的元素。

将 SendMoreMoney2 放入 GeneticAlgorithm 与放入 SimpleEquation 一样容易。但要先警告一声：该问题相当棘手，如果参数调得不好，执行过程就会耗费很长时间。即使参数没问题，也存在一定的随机性！求解过程可能需要几秒或几分钟。具体代码如代码清单 5-12 所示。遗传算法的特性就是如此。

代码清单 5-12 send_more_money2.py（续）

```
if __name__ == "__main__":
    initial_population: List[SendMoreMoney2] = [SendMoreMoney2.random_instance() for _ in
     range(1000)]
    ga: GeneticAlgorithm[SendMoreMoney2] = GeneticAlgorithm(initial_population=initial_
     population, threshold=1.0, max_generations = 1000, mutation_chance = 0.2, crossover_
     chance = 0.7, selection_type=GeneticAlgorithm.SelectionType.ROULETTE)
    result: SendMoreMoney2 = ga.run()
    print(result)iu
```

下面是运行了 3 代得到的输出结果，每代使用了 1000 个个体（如上所创建的）。不妨试试利用 GeneticAlgorithm 的可配置参数，以更少的个体获得类似的结果。看看用轮盘式选择法是否比用锦标赛选择法效果更好。

```
Generation 0 Best 0.0040650406504065045 Avg 8.854014252391551e-05
```

① 例如，如果仅将 1 除以均匀分布的整数值，那么最终接近于 0 的数字会多于接近于 1 的，这可能会导致出乎意料的结果，典型的微处理器对浮点数的解读方式就是如此难以捉摸。还有一种方法可以把求最小值问题转化为求最大值问题，即简单地将符号取反（把正变成负），但这只能在所有值都为正数时才有用。

```
Generation 1 Best 0.16666666666666666 Avg 0.001277329479413134
Generation 2 Best 0.5 Avg 0.014920889170684687
8324 + 913 = 9237 Difference: 0
```

以上结果表明 SEND = 8324，MORE = 913，MONEY = 9237。这怎么可能？看起来解里少了几个字母。事实上，如果 M = 0，有几种解是不可能由第 3 章的算法求得的。此处 MORE 实际上是 0913，而 MONEY 是 09237，只是 0 被忽略了。

5.5 优化列表压缩算法

假设有一些数据需要压缩，并假设数据项组成了一个列表，我们不关注数据项的顺序，只要数据项完整就可以。数据项以什么样的顺序排列能将压缩比最大化呢？你知道数据项的排列顺序会影响大多数压缩算法的压缩比吗？

答案将取决于所使用的压缩算法。本示例将以标准设置用 `zlib` 模块中的 `compress()` 函数进行压缩。代码清单 5-13 完整展示了对于 12 个人名的列表的解法。如果不运行遗传算法，而只是按照 12 个人名的初始顺序对它们运行 `compress()`，则生成的压缩数据将有 165 字节。

代码清单 5-13 list_compression.py

```python
from __future__ import annotations
from typing import Tuple, List, Any
from chromosome import Chromosome
from genetic_algorithm import GeneticAlgorithm
from random import shuffle, sample
from copy import deepcopy
from zlib import compress
from sys import getsizeof
from pickle import dumps

# 165 bytes compressed
PEOPLE: List[str] = ["Michael", "Sarah", "Joshua", "Narine", "David", "Sajid", "Melanie",
     "Daniel", "Wei", "Dean", "Brian", "Murat", "Lisa"]

class ListCompression(Chromosome):
    def __init__(self, lst: List[Any]) -> None:
        self.lst: List[Any] = lst

    @property
    def bytes_compressed(self) -> int:
        return getsizeof(compress(dumps(self.lst)))
```

```
    def fitness(self) -> float:
        return 1 / self.bytes_compressed

    @classmethod
    def random_instance(cls) -> ListCompression:
        mylst: List[str] = deepcopy(PEOPLE)
        shuffle(mylst)
        return ListCompression(mylst)

    def crossover(self, other: ListCompression) -> Tuple[ListCompression, ListCompression]:
        child1: ListCompression = deepcopy(self)
        child2: ListCompression = deepcopy(other)
        idx1, idx2 = sample(range(len(self.lst)), k=2)
        l1, l2 = child1.lst[idx1], child2.lst[idx2]
        child1.lst[child1.lst.index(l2)], child1.lst[idx2] = child1.lst[idx2], l2
        child2.lst[child2.lst.index(l1)], child2.lst[idx1] = child2.lst[idx1], l1
        return child1, child2

    def mutate(self) -> None: # swap two locations
        idx1, idx2 = sample(range(len(self.lst)), k=2)
        self.lst[idx1], self.lst[idx2] = self.lst[idx2], self.lst[idx1]

    def __str__(self) -> str:
        return f"Order: {self.lst} Bytes: {self.bytes_compressed}"

if __name__ == "__main__":
    initial_population: List[ListCompression] = [ListCompression.random_instance()
     for _ in range(1000)]
    ga: GeneticAlgorithm[ListCompression] = GeneticAlgorithm(initial_population=
     initial_population, threshold=1.0, max_generations = 1000, mutation_chance =
     0.2, crossover_chance = 0.7, selection_type=GeneticAlgorithm.SelectionType.TOURNAMENT)
    result: ListCompression = ga.run()
    print(result)
```

注意，代码清单5-13中的代码与5.4节中SEND+MORE=MONEY问题的实现代码非常相似。crossover()函数和mutate()函数基本相同。在这两个问题的求解方案中，都会以数据项列表为参数，不断对列表进行重排并测试。可以为两个问题的求解方案编写一个通用的超类，使其适用于多种不同的问题。任何可以用数据项列表来表示且需要找到数据项的最优顺序的问题，都可以用同样的方案进行求解。对于子类唯一需要定制的就是各自的适应度函数。

list_compression.py 可能需要很长时间才能运行完毕。因为与之前的两个问题不同，我们事先不知道“正确”答案的构成，所以没有真正的阈值作为运行方向。这里任意设置代的数量和每代的个体数，以期能获得最佳答案。重新排列 12 个人名将让压缩生成的最少字节数是多少？坦率地说，答案是未知的。本人用上述配置完成的最好的一次运行，是在 546 代之后，遗传算法为 12 个人名找到了一种顺序，可以压缩生成 159 字节。

这只比原始顺序节省了 6 字节（约节省 4%）。有人可能会说 4%无关紧要，但如果这是一个庞大得多的列表，且要在网络上传输多次，就很有意义了。想象一下，如果是一个最终要在互联网上传输 10 000 000 次的 1 MB 大小的列表。如果遗传算法可以优化列表的顺序，使得在压缩时能节省 4%的空间，则每次传输可节省约 40 KB，最终总共可节省 400 GB 的带宽。虽然这个数量并不算大，但是或许足以说明为了找到接近最优的压缩顺序而运行一次本算法是划算的。

请考虑一点，其实我们不知道是否已找到 12 个人名的最佳顺序，更不用说假定的 1 MB 大小的列表了。怎样才能知道我们是否达到目标了呢？除非对压缩算法有深入的了解，否则就得试着把每种顺序的列表都压缩一遍。这对于仅有 12 个数据项的列表就很难实现，因为有 479 001 600（12!，“!”表示阶乘）种可能的顺序。即便不知道最终得到的是否真的是最优解，采用尽力接近最优的遗传算法也是比较可行的方案。

5.6 遗传算法面临的挑战

遗传算法无法包治百病，其实它对大多数问题都不适用。对于所有存在快速而确定性算法的问题，遗传算法都没有意义。固有的随机性使遗传算法的运行时间变得不可预测。为了解决这个问题，可以在经过几代之后停止算法的运行，但这时我们并不清楚是否找到了真正的最优解。

Steven Skiena 写的书是最受欢迎的算法教材之一，他甚至如此写道：“在我看来，我从没遇到过任何问题是适合用遗传算法去攻克的。此外，我从未见过能给我留下深刻印象的用遗传算法完成的计算成果的报道。”[①]

Skiena 的观点有点儿极端，但这表明仅在有理由相信没有更好的解决方案时，才应该选择遗传算法。遗传算法还有一个问题，就是确定如何将某个问题可能存在的解表示为染色体。传统做法是将大多数问题都表示成二进制串（1 和 0 的序列，即二进制位）。通常在空间利用率方面这是最佳方案，并且它有助于简化交换函数，但是大多数复杂的问题要被表示为可被整齐分割的位串并不容易。

另一个更具体的问题也值得一提，就是与本章所述的轮盘式选择法相关的挑战。轮盘式选择法有时也称为适应度比例选择法，由于每次进行选择时适应度较高的个体占据了优势，因此可能会

① 参见 Steven Skiena 的《算法设计指南（第 2 版）》的第 267 页。

导致种群缺乏多样性。另外，如果适应度值比较接近，轮盘式选择法会导致选择压力不足[①]。此外，本章构建的轮盘式选择法不适用于适应度可为负数的问题，正如 5.3 节中简单的算式例子所示。

简而言之，对于大多数规模庞大到有理由采用遗传算法的问题，该算法均不能保证在可预测的时间内发现最优解。出于这个原因，遗传算法最适用于不需要最优解的情况，在这种情况下只需要“足够好”的解即可。遗传算法实现起来相当容易，但对其可配置的参数进行调优可能要经历很长的试错过程。

5.7 现实世界的应用

不管 Skiena 写过什么，遗传算法都能频繁有效地应用于大量的问题。它们往往用于解决不需要完美最优解的难题，例如，用传统方法无法解决的大型约束满足问题。复杂的日程安排问题就是其中的一个例子。

遗传算法在计算生物学中找到了很多用武之地，它们已被成功用于蛋白质配体停靠，即在小分子与受体结合时搜索配置方案，在这里被用于药学研究，以便更好地理解自然界的机制。

在第 9 章中将重温的旅行商问题（Traveling Salesman Problem），是计算机科学中最著名的问题之一。旅行商希望找到地图上的最短路径，每个城市只能恰好经过一次，且要回到起始位置。这看起来像是第 4 章中的最小生成树，但二者还是有区别的。旅行商问题的解是一个大的环路，目标是要最大限度地降低旅行的开销，而最小生成树则是要最大限度地降低连接每个城市的成本。为了能到达每一个城市，以最小生成树方式在城市间旅行的人可能必须访问同一个城市两次。尽管两种算法看起来很相似，但还是没有算法能在合理的时间内求解出任意城市数量的旅行商问题。遗传算法已经表明，可以在短时间内找到次优但够用的解。旅行商问题广泛应用于货物的有效配送工作。例如，FedEx 和 UPS 的卡车调度员每天都用软件来求解旅行商问题。有助于解决问题的算法可以降低各行各业的成本。

在计算机合成艺术领域，有时会用遗传算法以随机方式模拟生成照片。请想象一下，将 50 个多边形随机放置在屏幕上，逐渐扭曲、转动、移动、调整大小并改变颜色，直至它们尽可能地与某张照片接近。其结果看起来会像是抽象艺术家的作品，若采用较有棱角的形状，则结果像是彩色玻璃花窗。

遗传算法是演化计算（evolutionary computation）领域的一部分。在演化计算中，与遗传算法密切相关的一个领域是*遗传编程*（genetic programming），其程序可用选择、交换和变异操作修改自身，以便为编程问题查找不太明显的解。遗传编程不是一种被广泛运用的技术，但不妨想象一下未来程序可以自己编写自己。

遗传算法有一个好处，就是可以轻松实现并行运行。最明显的形式就是，每个种群可以在单

① 参见 A. E. Eiben 和 J. E. Smith 的 *Introduction to Evolutionary Computation, Second Edition* 的第 80 页。

独的处理器上进行模拟。粒度最细的形式就是，每个个体都可以发生变异和交换，并在单独的线程中计算其适应度。介于这两者之间的形式还有很多种。

5.8 习题

1. 为 `GeneticAlgorithm` 添加代码，使其支持高级的锦标赛选择法，以便有时可根据概率从大到小依次选择次优或第三优的染色体。
2. 为第 3 章的约束满足框架添加一个新函数，该函数用遗传算法求解任意 CSP。适应度的值可以是染色体能够满足的约束数量。
3. 创建一个实现了 `Chromosome` 的 `BitString` 类。回想一下第 1 章中的位串。然后用这个新类来解决 5.3 节中的简单算式问题。如何将该问题编码为位串呢？

第 6 章　*k* 均值聚类

人类从来没有像今天这样拥有如此多的社会数据，其数量和种类都是空前的。计算机非常善于存储数据集，但在被人分析之前，这些数据集对社会没有什么价值。计算技术可以指导人们从数据集中获取一些有意义的信息。

聚类（clustering）是一种可以将数据集里的点划分成组的计算技术。成功的聚类将会产生多个组，每个组中的点都相互关联，这些关联是否有意义通常需要人工验证。

在进行聚类时，数据点所属的组，又名聚类簇（cluster），并非预先确定的，而是在聚类算法的运行过程中确定的。实际上，聚类算法不会根据预先假定的信息将任何特定数据点放入任何特定的聚类簇中。因此，聚类被认为是机器学习领域内的无监督（unsupervised）方法。无监督可被视为不受预知指引的意思。

若要了解数据集的结构但事先又不知道其组成部分，那么聚类就是一种有用的技术。例如，你拥有一家超市，你需要收集关于客户及其交易的数据。你希望在一周中的某些时间投放特价商品的移动端广告，以吸引客户进店。不妨按星期几和人数统计信息对数据进行聚类。或许你会发现有一个聚类簇表明年轻的购物者更喜欢在星期二购物，利用这一信息即可在这一天专门针对这些购物者投放广告。

6.1　预备知识

聚类算法需要用到一些统计学原语（均值、标准差等）。自 Python 3.4 版开始，Python 的标准库在 `statistics` 模块中提供了几种有用的基本统计操作函数。请注意，虽然本书沿用的是标准库，但是有更多高性能的第三方库可用于数值操作，如 NumPy，因此在看重性能的应用程序中，应该充分利用这些第三方库，特别是那些处理大数据的应用程序。

为简单起见，本章中要处理的数据集都用 `float` 类型表示，因此会有很多对 `float` 列表和元组的操作。基本统计操作 sum()、mean() 和 pstdev() 在标准库中定义，对它们的定义直接来自统计学课本中的公式。另外，我们要用到一个计算 z 分数（z-score）的函数。具体代码如代码清单 6-1 所示。

代码清单 6-1 kmeans.py

```
from __future__ import annotations
from typing import TypeVar, Generic, List, Sequence
from copy import deepcopy
from functools import partial
from random import uniform
from statistics import mean, pstdev
from dataclasses import dataclass
from data_point import DataPoint


def zscores(original: Sequence[float]) -> List[float]:
    avg: float = mean(original)
    std: float = pstdev(original)
    if std == 0: # return all zeros if there is no variation
        return [0] * len(original)
    return [(x - avg) / std for x in original]
```

提示 pstdev() 会求出整个种群的标准差，而这里未用到的 stdev() 会求出某个样本的标准差。

zscores() 会把一系列浮点数转换为列表，列表元素为每个浮点数相对于原序列中所有数值的 z 分数。关于 z 分数，本章后面会有更多介绍。

注意 对基础统计学知识的介绍已超出本书范围，不过对本章剩余部分而言，只要基本了解均值和标准差就足够了。如果你已有一段时间未接触而需要复习，或者以前从未学过这些术语，那么你可能需要花时间快速阅读一篇对这两个基本概念进行解释的统计学资料。

所有聚类算法都是对数据点进行处理的，*k* 均值算法的实现也不例外。我们这里将定义一个名为 DataPoint 的通用接口。为整洁起见，我们将在 DataPoint 自己的文件中定义它。具体代码如代码清单 6-2 所示。

代码清单 6-2 data_point.py

```
from __future__ import annotations
from typing import Iterator, Tuple, List, Iterable
from math import sqrt
```

```python
class DataPoint:
    def __init__(self, initial: Iterable[float]) -> None:
        self._originals: Tuple[float, ...] = tuple(initial)
        self.dimensions: Tuple[float, ...] = tuple(initial)

    @property
    def num_dimensions(self) -> int:
        return len(self.dimensions)

    def distance(self, other: DataPoint) -> float:
        combined: Iterator[Tuple[float, float]] = zip(self.dimensions, other.dimensions)
        differences: List[float] = [(x - y) ** 2 for x, y in combined]
        return sqrt(sum(differences))

    def __eq__(self, other: object) -> bool:
        if not isinstance(other, DataPoint):
            return NotImplemented
        return self.dimensions == other.dimensions

    def __repr__(self) -> str:
        return self._originals.__repr__()
```

每个数据点必须能与其他同类型的数据点进行相等性比较（`__eq__()`），还必须有可供人们阅读的形式以便于调试打印（`__repr__()`）。数据点的类型都带有一定数量的维度（`num_dimensions`）。元组 `dimensions` 将每个维度的实际值均存储为 `float`。`__init__()` 方法的参数为一系列表示所需维度的可迭代值。这些维度稍后可能会被 *k* 均值算法替换为 z 分数，因此我们还会在 `_originals` 中保留初始数据的一个副本，用于后续的打印输出。

在深入研究 *k* 均值算法之前，还有一项准备工作，就是计算任意两个同类型数据点之间的距离。计算距离的方式有很多种，但 *k* 均值算法最常用的方式就是欧氏距离（Euclidean distance）。这是几何课程中最为熟悉的距离公式，可由毕达哥拉斯定理推导出来。其实我们在第 2 章中讨论过该公式了，并推导出了该公式的二维空间版本，用于求出迷宫中任意两点间的距离。`DataPoint` 所用的欧氏距离需要更复杂一些，因为一个 `DataPoint` 可能包含任意数量的维度。

这一版的 `distance()` 特别紧凑，适用于维度数量任意的 `DataPoint` 类型。这里调用 `zip()` 创建元组并组合成一个序列，元组里成对存放着两点的维度。列表推导式将求出每个点在各维度上的差并求出差的平方。`sum()` 将这些值求和，`distance()` 返回的最终值是和的平方根。

6.2 *k* 均值聚类算法

k 均值聚类（*k*-means clustering）算法根据每个点与聚类簇中心的相对距离，尝试将数据点

分组到某个聚类簇中，聚类簇的数量是预先定义好的。在每一轮 *k* 均值的运行过程中，都要计算每个数据点与聚类簇每个中心（称为形心的一个点）之间的距离。数据点将被分配到与其距离最近的形心所在的聚类簇。然后算法将重新计算所有形心，求出分配到每个聚类簇的所有点的均值，并用新的均值替换旧的形心。数据点的分配和形心的重新计算会一直持续下去，直至形心停止移动或迭代达到了一定的次数。

提供给 *k* 均值聚类算法的初始数据点的所有维度都需要在量度上具备可比性，否则，*k* 均值聚类算法在进行聚类时将向差最大的维度倾斜。使不同类型的数据（本例中是不同的维度）具有可比性的过程被称为归一化（normalization）。有一种常用的归一化数据的方法是基于每个数据值的 z 分数（也称为标准分数）进行评估，z 分数是相对于其他同类型数据而言的。读取一个数据值，从中减去所有数据的均值，将其结果除以所有数据的标准差，即可求得 z 分数。真正对可迭代的一串 `float` 值执行 z 分数计算的，就是在上一节开头部分设计的 `zscores()` 函数。

使用 *k* 均值聚类算法的主要困难是初始形心如何给出。在以下即将实现的最简单形式的算法中，初始形心是随机分布于数据范围中的。另一个困难是该把数据划分为多少个（*k* 均值中的“*k*”）聚类簇。经典算法实现中的 *k* 值由用户来确定，但用户可能并不知道适合的个数，这需要经过一些实验才能确定。这里将由用户来定义“*k*”值。

将这些步骤和注意事项全部汇集在一起，就是下面的 *k* 均值聚类算法。

（1）初始化全部数据点和 *k* 个空聚类。

（2）对全部数据点进行归一化操作。

（3）为每个聚类簇创建与其关联的随机分布的形心。

（4）将每个数据点分配到与其距离最近的形心所关联的聚类簇。

（5）重新计算每个形心，应是其关联聚类簇的中心（均值）。

（6）重复第 4 步和第 5 步，直至迭代数量到达最大值或所有形心都停止移动（收敛）。

从概念上讲，*k* 均值聚类算法其实非常简单：在每次迭代过程中，每个数据点都以聚类簇的中心为依据与最近的聚类簇相关联。当有新的数据点与聚类簇关联时，聚类簇的中心就会移动，如图 6-1 所示。

下面将实现一个用于记录状态和运行算法的类，类似于第 5 章中的 `GeneticAlgorithm`。现在回到 kmeans.py 文件，具体代码如代码清单 6-3 所示。

代码清单 6-3 kmeans.py（续）

```
Point = TypeVar('Point', bound=DataPoint)


class KMeans(Generic[Point]):
    @dataclass
    class Cluster:
```

```
        points: List[Point]
        centroid: DataPoint
```

KMeans 是一个泛型类。它适用于 DataPoint 或 DataPoint 的任何子类,这些类由 Point 类型的 bound 给出定义。KMeans 包含一个内部类 Cluster，用于记录操作过程中的各个聚类簇。每个 Cluster 都包含数据点和与之关联的形心。

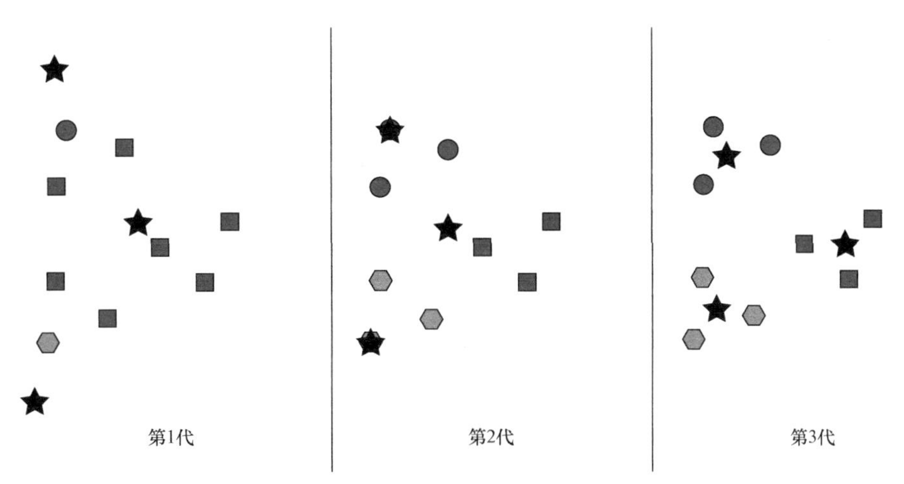

图 6-1 在某个数据集上运行了 3 代后的 k 均值聚类算法示例。星星表示形心。不同形状代表当前的聚类簇成员状态（一直在变化）

下面继续介绍 KMeans 类的__init__() 方法，具体代码如代码清单 6-4 所示。

代码清单 6-4 kmeans.py（续）

```
    def __init__(self, k: int, points: List[Point]) -> None:
        if k < 1: # k-means can't do negative or zero clusters
            raise ValueError("k must be >= 1")
        self._points: List[Point] = points
        self._zscore_normalize()
        # initialize empty clusters with random centroids
        self._clusters: List[KMeans.Cluster] = []
        for _ in range(k):
            rand_point: DataPoint = self._random_point()
            cluster: KMeans.Cluster = KMeans.Cluster([], rand_point)
            self._clusters.append(cluster)

    @property
    def _centroids(self) -> List[DataPoint]:
        return [x.centroid for x in self._clusters]
```

KMeans 包含一个与之关联的数组_points，它就是数据集中的所有数据点。这些点后续将会被划分到各个聚类簇中，聚类簇则存储在_clusters 变量中。当 KMeans 被实例化时，它需要知道创建多少个聚类簇（k）。每个聚类簇最初都有一个随机分布的形心。本算法要用到的所有数据点都基于 z 分数进行了归一化处理。计算出的_centroids 属性将返回本算法相关聚类簇所关联的所有形心。具体代码如代码清单 6-5 所示。

代码清单 6-5　kmeans.py（续）

```
def _dimension_slice(self, dimension: int) -> List[float]:
    return [x.dimensions[dimension] for x in self._points]
```

_dimension_slice()是一个快捷方法，可被视为返回一列数据。它将返回一个列表，由每个数据点指定索引处的值组成。例如，如果数据点是 DataPoint 类型，则_dimension_slice(0)将返回由每个数据点的第一维值组成的列表。这在代码清单 6-6 所示的归一化方法中很有用。

代码清单 6-6　kmeans.py（续）

```
def _zscore_normalize(self) -> None:
    zscored: List[List[float]] = [[] for _ in range(len(self._points))]
    for dimension in range(self._points[0].num_dimensions):
        dimension_slice: List[float] = self._dimension_slice(dimension)
        for index, zscore in enumerate(zscores(dimension_slice)):
            zscored[index].append(zscore)
    for i in range(len(self._points)):
        self._points[i].dimensions = tuple(zscored[i])
```

_zscore_normalize()把每个数据点的 dimensions 元组中的值都替换为其等价的 z 分数。这里用到了之前为 float 序列定义的 zscores()函数。尽管 dimensions 元组中的值被替换了，但 DataPoint 中的_originals 元组没有被替换。这一点很有用，如果存了两份原始数据，则用户在算法运行完毕后仍能获取归一化处理之前各个维度的原始值。具体代码如代码清单 6-7 所示。

代码清单 6-7　kmeans.py（续）

```
def _random_point(self) -> DataPoint:
    rand_dimensions: List[float] = []
    for dimension in range(self._points[0].num_dimensions):
        values: List[float] = self._dimension_slice(dimension)
        rand_value: float = uniform(min(values), max(values))
        rand_dimensions.append(rand_value)
    return DataPoint(rand_dimensions)
```

代码清单 6-4 中的__init__()方法将用上述_random_point()方法为每个聚类簇创建最初的随机形心。为每个数据点生成的随机值将被限制在现有数据点的值域内。_random_point()方法用之前为 DataPoint 定义的构造函数从一个可迭代值序列中新建一个数据点。

下面介绍为数据点查找合适归属聚类簇的方法，具体代码如代码清单 6-8 所示。

代码清单 6-8 kmeans.py（续）

```
# Find the closest cluster centroid to each point and assign the point to that cluster
def _assign_clusters(self) -> None:
    for point in self._points:
        closest: DataPoint = min(self._centroids, key=partial(DataPoint.distance, point))
        idx: int = self._centroids.index(closest)
        cluster: KMeans.Cluster = self._clusters[idx]
        cluster.points.append(point)
```

在本书中我们已经创建了几个能够在列表中找到最小值或最大值的函数。上述函数也是类似的。当前情况是要查找与每个数据点的距离都最短的聚类簇形心，然后将该数据点分配到这一聚类簇中。唯一稍显复杂的地方就是用到了 partial()做中介的函数，其作为 min()的 key。partial()的参数为一个函数，在调用该函数之前为其提供一些参数。在当前情况下，我们将把要计算的数据点作为 other 参数，提供给 DataPoint.distance()方法，从而计算出每个形心到该数据点的距离，并由 min()返回这些距离的最小值。具体代码如代码清单 6-9 所示。

代码清单 6-9 kmeans.py（续）

```
# Find the center of each cluster and move the centroid to there
def _generate_centroids(self) -> None:
    for cluster in self._clusters:
        if len(cluster.points) == 0: # keep the same centroid if no points
            continue
        means: List[float] = []
        for dimension in range(cluster.points[0].num_dimensions):
            dimension_slice: List[float] = [p.dimensions[dimension] for p in cluster.
             points]
            means.append(mean(dimension_slice))
        cluster.centroid = DataPoint(means)
```

每个数据点被分配到聚类簇之后，都会计算新的形心。这涉及计算聚类簇中每个点的每个维度的均值。然后将每个维度的均值组合在一起，以求得聚类簇中的“中心点”（mean point），该点将成为新的形心。注意，此处不能使用_dimension_slice()，因为当前这些数据点只是全部数据点的子集（仅归属于某聚类簇的点）。请问该如何重写_dimension_slice()，以使其更加通用呢？

下面介绍实际运行算法的方法，具体代码如代码清单 6-10 所示。

代码清单 6-10 kmeans.py（续）

```
def run(self, max_iterations: int = 100) -> List[KMeans.Cluster]:
    for iteration in range(max_iterations):
        for cluster in self._clusters: # clear all clusters
            cluster.points.clear()
        self._assign_clusters() # find cluster each point is closest to
        old_centroids: List[DataPoint] = deepcopy(self._centroids) # record
        self._generate_centroids() # find new centroids
        if old_centroids == self._centroids: # have centroids moved?
            print(f"Converged after {iteration} iterations")
            return self._clusters
    return self._clusters
```

run()是原始算法最纯粹的体现。唯一可能会令你感到意外的改动是，在每次迭代开始时会移除所有数据点因为如果不这么做，_assign_clusters()方法最终会在每个聚类簇中放入重复的数据点。

我们不妨将 k 设为 2，并用一些测试用的 DataPoint 进行一次快速检验，具体代码如代码清单 6-11 所示。

代码清单 6-11 kmeans.py（续）

```
if __name__ == "__main__":
    point1: DataPoint = DataPoint([2.0, 1.0, 1.0])
    point2: DataPoint = DataPoint([2.0, 2.0, 5.0])
    point3: DataPoint = DataPoint([3.0, 1.5, 2.5])
    kmeans_test: KMeans[DataPoint] = KMeans(2, [point1, point2, point3])
    test_clusters: List[KMeans.Cluster] = kmeans_test.run()
    for index, cluster in enumerate(test_clusters):
        print(f"Cluster {index}: {cluster.points}")
```

由于随机性的存在，你的结果可能会有所不同。结果应该如下所示：

```
Converged after 1 iterations
Cluster 0: [(2.0, 1.0, 1.0), (3.0, 1.5, 2.5)]
Cluster 1: [(2.0, 2.0, 5.0)]
```

6.3 按年龄和经度对州长进行聚类

美国每一个州都有一位州长。2017 年 6 月，这些州长的年龄从 42 岁到 79 岁。如果从东到西以经度来考量每个州，也许可以找到经度相近且州长年龄相仿的州聚类簇。图 6-2 是全部 50 位州长的散点图。x 轴是州的经度，y 轴是州长的年龄。

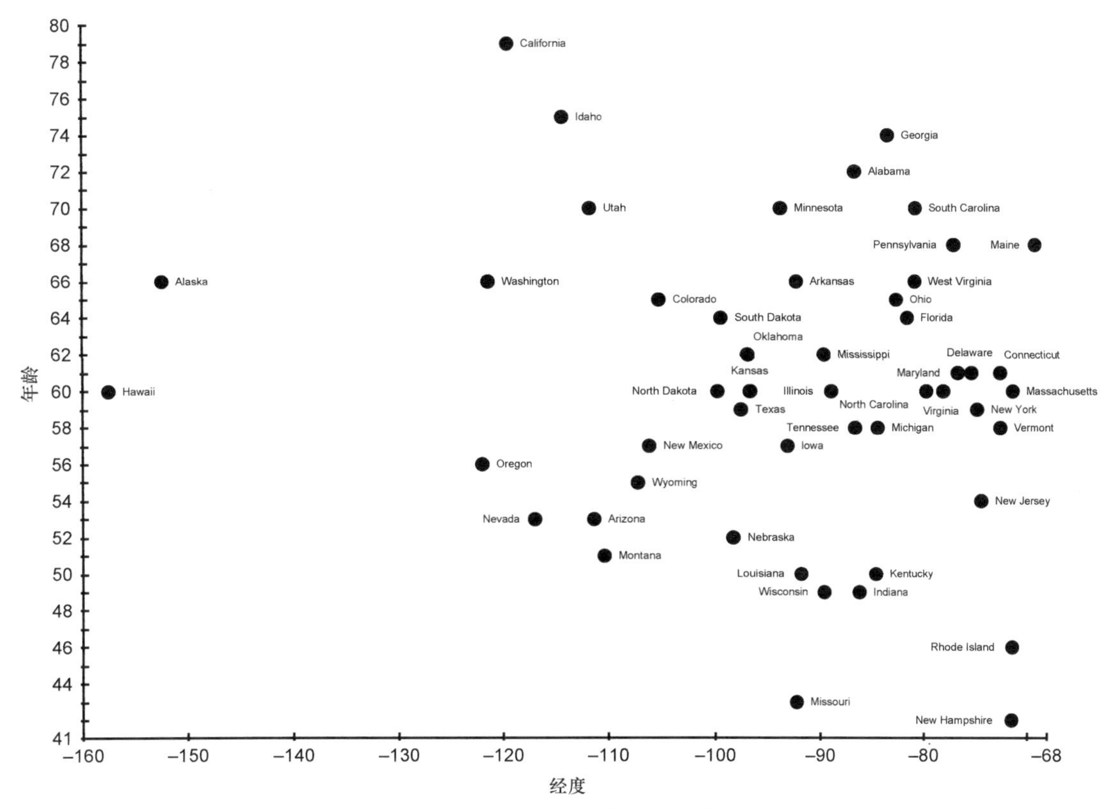

图 6-2 按州的经度和州长年龄绘制的 2017 年 6 月州长散点图

图 6-2 中是否包含明显的聚类簇？此图的坐标轴没有归一化。图中的数据仍是原始数据。如果聚类簇总是那么明显，就不需要用到聚类算法了。

下面试着用 k 均值聚类算法运行一下上述数据集。首先，单个数据点需要有一种表现形式。具体代码如代码清单 6-12 所示。

代码清单 6-12 governors.py

```
from __future__ import annotations
from typing import List
from data_point import DataPoint
from kmeans import Kmeans

class Governor(DataPoint):
    def __init__(self, longitude: float, age: float, state: str) -> None:
```

```
        super().__init__([longitude, age])
        self.longitude = longitude
        self.age = age
        self.state = state

    def __repr__(self) -> str:
        return f"{self.state}: (longitude: {self.longitude}, age: {self.age})"
```

Governor带有两个已命名并存储的维度：longitude和age。除为实现美观打印而重写了__repr__()之外，Governor没有对其超类DataPoint的处理机制做出其他改动。手工录入以下数据很不合理，因此还是请查看本书附带的源代码库吧。具体代码如代码清单6-13所示。

代码清单6-13 governors.py（续）

```
if __name__ == "__main__":
    governors: List[Governor] = [Governor(-86.79113, 72, "Alabama"), Governor(-152.
     404419, 66, "Alaska"), Governor(-111.431221, 53, "Arizona"), Governor(-92.373123,
     66, "Arkansas"), Governor(-119.681564, 79, "California"), Governor(-105.311104,
     65, "Colorado"), Governor(-72.755371, 61, "Connecticut"), Governor(-75.507141,
     61, "Delaware"), Governor(-81.686783, 64, "Florida"), Governor(-83.643074, 74,
     "Georgia"), Governor(-157.498337, 60, "Hawaii"), Governor(-114.478828, 75, "Idaho"),
     Governor(-88.986137, 60, "Illinois"), Governor(-86.258278, 49, "Indiana"), Governor
     (-93.210526, 57, "Iowa"), Governor(-96.726486, 60, "Kansas"), Governor(-84.670067,
     50, "Kentucky"), Governor(-91.867805, 50, "Louisiana"), Governor(-69.381927, 68,
     "Maine"), Governor(-76.802101, 61, "Maryland"), Governor(-71.530106, 60,
     "Massachusetts"), Governor(-84.536095, 58, "Michigan"), Governor(-93.900192,
     70, "Minnesota"), Governor(-89.678696, 62, "Mississippi"), Governor(-92.288368,
     43, "Missouri"), Governor(-110.454353, 51, "Montana"), Governor(-98.268082, 52,
     "Nebraska"), Governor(-117.055374, 53, "Nevada"), Governor(-71.563896, 42,
     "New Hampshire"), Governor(-74.521011, 54, "New Jersey"), Governor(-106.248482,
     57, "New Mexico"), Governor(-74.948051, 59, "New York"), Governor(-79.806419,
     60, "North Carolina"), Governor(-99.784012, 60, "North Dakota"), Governor(-82.764915,
     65, "Ohio"), Governor(-96.928917, 62, "Oklahoma"), Governor(-122.070938, 56,
     "Oregon"), Governor(-77.209755, 68, "Pennsylvania"), Governor(-71.51178, 46,
     "Rhode Island"), Governor(-80.945007, 70, "South Carolina"), Governor(-99.438828,
     64, "South Dakota"), Governor(-86.692345, 58, "Tennessee"), Governor(-97.563461,
     59, "Texas"), Governor(-111.862434, 70, "Utah"), Governor(-72.710686, 58, "Vermont"),
     Governor(-78.169968, 60, "Virginia"),Governor(-121.490494, 66, "Washington"),
     Governor(-80.954453, 66, "West Virginia"),Governor(-89.616508, 49, "Wisconsin"),
     Governor(-107.30249, 55, "Wyoming")]
```

将 k 设为 2，运行 *k* 均值聚类算法。具体代码如代码清单 6-14 所示。

代码清单 6-14 governors.py（续）

```
kmeans: KMeans[Governor] = KMeans(2, governors)
gov_clusters: List[KMeans.Cluster] = kmeans.run()
for index, cluster in enumerate(gov_clusters):
    print(f"Cluster {index}: {cluster.points}\n")
```

因为是以随机形心开始运行的，所以每次运行 KMeans 都可能返回不同的聚类簇。这里需要进行一些人工分析才能确定聚类簇是否真正相关。以下是确实存在有意义聚类簇的情况下的运行结果：

```
Converged after 5 iterations
Cluster 0: [Alabama: (longitude: -86.79113, age: 72), Arizona: (longitude: -111.431221,
    age: 53), Arkansas: (longitude: -92.373123, age: 66), Colorado: (longitude:
    -105.311104, age: 65), Connecticut: (longitude: -72.755371, age: 61), Delaware:
    (longitude: -75.507141, age: 61), Florida: (longitude: -81.686783, age: 64),
    Georgia: (longitude: -83.643074, age: 74), Illinois: (longitude: -88.986137,
    age: 60), Indiana: (longitude: -86.258278, age: 49), Iowa: (longitude: -93.210526,
    age: 57), Kansas: (longitude: -96.726486, age: 60), Kentucky: (longitude:
    -84.670067, age: 50), Louisiana: (longitude: -91.867805, age: 50), Maine:
    (longitude: -69.381927, age: 68), Maryland: (longitude: -76.802101, age: 61),
    Massachusetts: (longitude: -71.530106, age: 60), Michigan: (longitude: -84.536095,
    age: 58), Minnesota: (longitude: -93.900192, age: 70), Mississippi: (longitude:
    -89.678696, age: 62), Missouri: (longitude: -92.288368, age: 43), Montana:
    (longitude: -110.454353, age: 51), Nebraska: (longitude: -98.268082, age: 52),
    Nevada: (longitude: -117.055374, age: 53), New Hampshire: (longitude: -71.563896,
    age: 42), New Jersey: (longitude: -74.521011, age: 54), New Mexico: (longitude:
    -106.248482, age: 57), New York: (longitude: -74.948051, age: 59), North Carolina:
    (longitude: -79.806419, age: 60), North Dakota: (longitude: -99.784012, age:
    60), Ohio: (longitude: -82.764915, age: 65), Oklahoma: (longitude: -96.928917,
    age: 62), Pennsylvania: (longitude: -77.209755, age: 68), Rhode Island:(longitude:
    -71.51178, age: 46), South Carolina: (longitude: -80.945007, age: 70), South Dakota:
    (longitude: -99.438828, age: 64), Tennessee: (longitude: -86.692345, age: 58),
    Texas: (longitude: -97.563461, age:59), Vermont: (longitude: -72.710686, age:
    58), Virginia: (longitude: -78.169968, age: 60), West Virginia: (longitude:
    -80.954453, age: 66), Wisconsin: (longitude: -89.616508, age: 49), Wyoming:
    (longitude: 107.30249, age: 55)]
Cluster 1: [Alaska: (longitude: -152.404419, age: 66), California: (longitude:
    -119.681564, age: 79), Hawaii: (longitude: -157.498337, age: 60), Idaho: (longitude:
    -114.478828, age: 75), Oregon: (longitude: -122.070938, age: 56), Utah: (longitude:
    -111.862434, age: 70), Washington: (longitude: -121.490494, age: 66)]
```

聚类簇 1 代表最西部的各州，在地理上均彼此相邻（如果将 Alaska 和 Hawaii 视作与太平洋沿岸各州相邻）。这些州的州长年龄相对较大，于是就形成了一个有意义的聚类簇。难道太平洋沿岸的人们都喜欢年长的州长吗？除相关之外，无法从这些聚类簇中得出任何其他结论。图 6-3 演示了这一结果。方块表示聚类簇 1，圆点表示聚类簇 0。

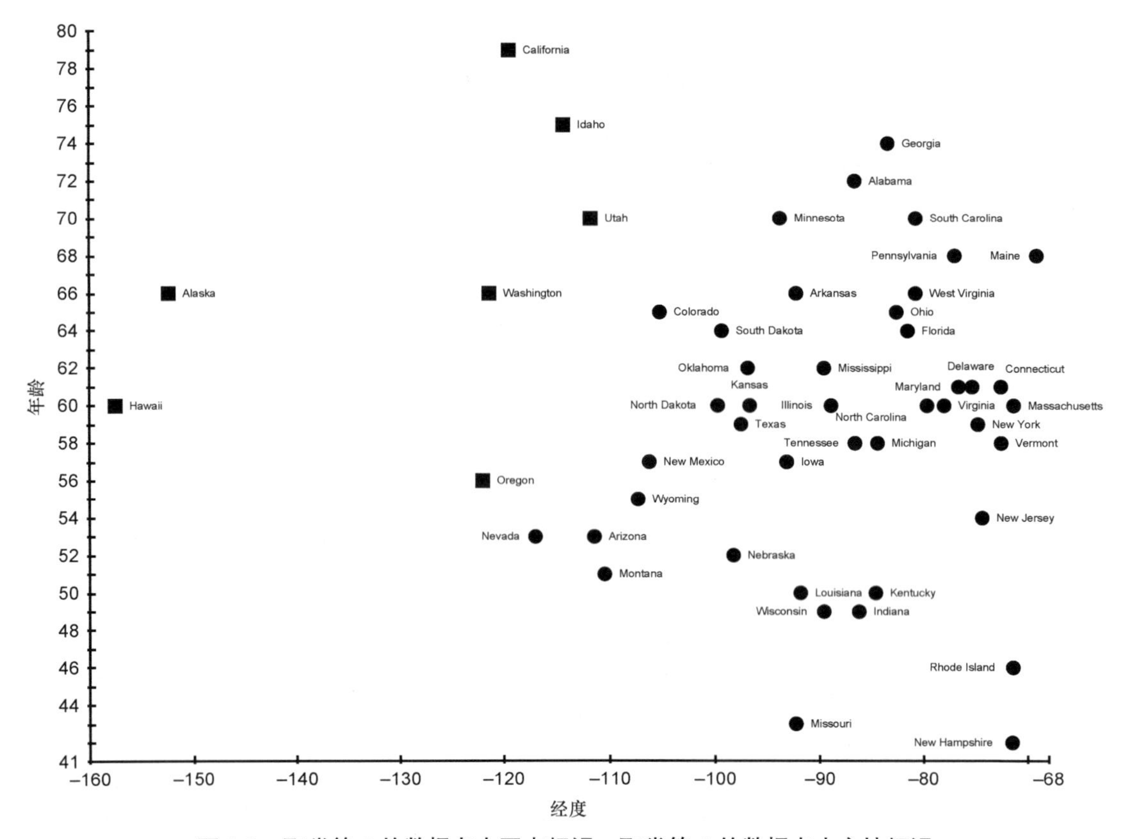

图 6-3 聚类簇 0 的数据点由圆点标识，聚类簇 1 的数据点由方块标识

提示 如果形心是随机初始化的，则每次 *k* 均值聚类的结果会有所不同，这一点怎么强调都不为过。对于任何数据集，请确保多次运行 *k* 均值聚类算法。

6.4 按长度聚类迈克尔 · 杰克逊的专辑

迈克尔 · 杰克逊发行过 10 张个人专辑。以下示例将通过两个维度对这些专辑进行聚类辑长度（以分钟为单位）和曲目数量。此示例与上面的州长示例形成鲜明对比，因为即使不运行 *k* 均值聚类算法也很容易在原始数据集中看出聚类簇。此类示例可以用作调试实现聚类算法代码的好方案。

注意　本章的两个示例都采用了两维的数据点，但 *k* 均值聚类算法对任意维度的数据点都能胜任。

本示例代码将在代码清单 6-15 中完整给出。如果在运行本示例代码之前查看一下代码清单 6-15 中的专辑数据，很明显就能看出迈克尔·杰克逊越临近职业生涯结束制作的专辑就越长。因此，专辑的两个聚类簇可能应该划分为早期专辑和晚期专辑。专辑 *HIStory: Past, Present, and Future, Book I* 则是一个野值（outlier），在逻辑上也可以归属于其自己单独的聚类簇中。所谓野值，是指位于数据集正常限值之外的数据点。

代码清单 6-15　mj.py

```
from __future__ import annotations
from typing import List
from data_point import DataPoint
from kmeans import KMeans


class Album(DataPoint):
    def __init__(self, name: str, year: int, length: float, tracks: float) -> None:
        super().__init__([length, tracks])
        self.name = name
        self.year = year
        self.length = length
        self.tracks = tracks

    def __repr__(self) -> str:
        return f"{self.name}, {self.year}"


if __name__ == "__main__":
    albums: List[Album] = [Album("Got to Be There", 1972, 35.45, 10), Album("Ben",
     1972, 31.31, 10), Album("Music & Me", 1973, 32.09, 10), Album("Forever, Michael",
     1975, 33.36, 10), Album("Off the Wall", 1979, 42.28, 10), Album("Thriller",
     1982, 42.19, 9), Album("Bad", 1987, 48.16, 10), Album("Dangerous", 1991, 77.03,
     14), Album("HIStory: Past, Present and Future, Book I", 1995, 148.58, 30),
     Album("Invincible", 2001, 77.05, 16)]
kmeans: KMeans[Album] = KMeans(2, albums)
clusters: List[KMeans.Cluster] = kmeans.run()
for index, cluster in enumerate(clusters):
    print(f"Cluster {index} Avg Length {cluster.centroid.dimensions[0]} Avg Tracks
     {cluster.centroid.dimensions[1]}: {cluster.points}\n")
```

注意，属性 name 和 year 只是用于标记的记录项，在实际的聚类中并不会涉及。下面给出的是一个输出示例：

```
Converged after 1 iterations
Cluster 0 Avg Length -0.5458820039179509 Avg Tracks -0.5009878988684237:[Got to Be There,
     1972, Ben, 1972, Music & Me, 1973, Forever, Michael, 1975,off the Wall,1979,
     Thriller, 1982, Bad, 1987]
Cluster 1 Avg Length 1.2737246758085523 Avg Tracks 1.169717640263217:[Dangerous, 1991,
     HIStory:Past, Present and Future, Book I,1995,Invincible,2001]
```

打印出来的聚类簇平均值很有意思。注意，这里的平均值是 z 分数。聚类簇 1 的 3 张专辑，也就是迈克尔·杰克逊的最后 3 张专辑，要比他全部的 10 张个人专辑的平均值长约一个标准差。

6.5　*k* 均值聚类算法问题及其扩展

如果实现 *k* 均值聚类算法时用了随机起点，则数据集里有意义的划分点可能会被完全错过。这通常会让操作人员经历大量的试错才能得出结果。如果操作人员无法看出数据的分组数，那么找出正确的“*k*”值（聚类簇的数量）也是困难且容易出错的。

k 均值聚类算法还存在比较复杂的版本，可以利用它们尝试对造成困难的变量进行有依据的猜测或自动试错。*k*-means++（*k* 均值++）就是一种比较流行的变体算法，它不是完全随机地选择形心，而是基于到各点距离的概率分布来选择形心，以解决形心初始化的问题。对很多应用程序而言，更好的选择是根据提前知晓的数据信息选择合适的起始区域，以获取各个形心值。换句话说，这种 *k* 均值聚类算法是由用户来选取初始的各个形心。

k 均值聚类操作的运行时间与数据点的数量、聚类簇的数量和数据点的维度数成正比。如果数据点数量很多，数据点的维度数也很多，那么基础版的 *k* 均值聚类算法将不再具有可用性。有些扩展版本的算法试图在每个数据点和每个形心之间不进行尽可能多的计算，方法是在计算之前首先评估一下某数据点是否真有可能会移到别的聚类簇中去。对于多点或高维度的数据集还有一种选择，就是只对数据点的采样数据进行 *k* 均值聚类操作，对采样数据运行的结果将会近似于完整算法可能求得的聚类簇。

数据集里的野值可能会导致奇怪的 *k* 均值聚类结果。如果初始形心恰好落在野值附近，就可能会形成一个聚类簇（迈克尔·杰克逊示例中的 *HIStory* 专辑就有可能发生）。如果去除了野值，*k* 均值聚类算法将能运行得更好。

良好的形心判断方案并不一定要通过均值。*k*-medians 算法将判断每个维度的中位数，*k*-medoids 算法则使用数据集中的实际点值作为每个聚类簇的中心。若是选用这些方法来确定中心点，对统计学知识的要求已超出了本书的范围，但常识说明对于棘手的问题可能值得用每一种算法去尝试，并对结果进行抽样。其实这些算法的实现代码并没有很大的差别。

6.6 现实世界的应用

聚类通常是数据科学家和统计分析师的职责范围。它被广泛用作一种对各个领域的数据进行解释的方法。特别是对数据集的结构知之甚少时，*k* 均值聚类算法就是一种有用的技术。

在数据分析领域，聚类是一种必不可少的技术。例如，警察部门主管想要知道该把警力投到哪里去巡逻；快餐店店主想要找出最佳顾客在哪里，以便发送促销信息；船员想要分析事故发生时间和导致事故的人员，以便减少事故的发生。请思考一下他们该如何利用聚类来解决问题。

聚类还对模式识别有帮助。聚类算法可以检测到未被人眼识别出来的模式。例如，在生物学中有时用聚类来识别反常细胞群。

在图像识别领域，聚类有助于识别出不太明显的特征。可以将像素视为数据点，它们之间的关系由距离和色差进行定义。

在政治学领域，有时会用聚类来找出目标选民。某个政党能发现被夺权选民都聚集在某一个地区吗？这样他们的竞选资金就应该集中投向这个地区。类似的选民可能会关注哪些议题？

6.7 习题

1. 创建一个能将 CSV 文件中的数据导入 `DataPoint` 的函数。
2. 利用 `matplotlib` 之类的外部库创建一个绘图函数，为 `KMeans` 在二维数据集上运行的结果绘制着色散点图。
3. 为 `KMeans` 创建一个新的初始化函数，初始形心位置不再是随机指定，而是由初始化函数的参数给出。
4. 研究并实现 *k*-means++算法。

第 7 章　十分简单的神经网络

21 世纪 10 年代末期一说起人工智能方面所取得的进步，我们通常关注的是名为*机器学习*（machine learning）的特定的子学科。所谓机器学习是指不用被明确告知，计算机就会学习一些新的知识。这些进步往往是由名为*神经网络*（neural network）的机器学习技术驱动的。虽然神经网络在几十年前就被发明了，但因为改良的硬件和新发现的研究导向的软件技术开启了一种名为*深度学习*（deep learning）的新范式，使神经网络已经经历了某种程度的复兴。

深度学习已被证明是一种具备广泛适应性的技术。从对冲基金算法到生物信息学，到处都有它的用武之地。消费者熟悉的两种深度学习应用是图像识别和语音识别。例如，向数字助理提问天气状况，或者用拍照程序进行人脸识别，这里面就可能有某些深度学习算法在运行。

深度学习技术使用的构建模块与较简单的神经网络一样。在本章中，我们将通过构建一个简单的神经网络来探讨这些模块。这里的实现不会是最先进的，但它将是理解深度学习的基础，深度学习基于的神经网络将比我们要构建的神经网络更为复杂。大多数机器学习的业界人士不会从头开始构建神经网络，他们会利用流行的、高度优化的、现成的框架来完成繁重的任务。虽然本章无助于学习某种特定框架的使用方式，即将构建的神经网络对实际应用也没什么意义，但仍将有助于我们了解那些框架底层的工作方式。

7.1　生物学基础

人类的大脑是现存最令人难以置信的计算设备。它无法像微处理器那样快速地处理数字，但它适应新情况、学习新技能和创新的能力是任何已知的机器都无法超越的。自计算机诞生之日起，科学家就一直对大脑机制的建模很感兴趣。大脑中的每个神经细胞称为*神经元*（neuron）。大脑中的神经元通过名为*突触*（synapse）的连接彼此连成网。电流经过突触来驱动这些神经元网络，也称为*神经网络*（neural network）。

注意 出于类比考虑，上述对生物神经元的描述是粗略的过于简化的说法。事实上，生物神经元包含轴突（axon）、树突（dendrite）和细胞核等部分，这会令人回想起高中的生物课。突触实际上是神经元之间的间隙，这里分泌出的神经递质（neurotransmitter）能够传递电信号。

尽管科学家已经识别出神经元的组成部分和功能，但我们对生物神经网络形成复杂思维模式的细节仍然未能很好地理解。它们是如何处理信息的？它们如何形成原创的想法？大部分对大脑工作方式的认识都来自宏观层面的观察。当人进行某项活动或思考某个想法时，对大脑进行功能性核磁共振（fMRI）扫描就会显示血液流动的方位（如图 7-1 所示）。通过这些宏观技术，我们能够推断出大脑各个部分的连接情况，但这些技术无法解释各个神经元如何帮助开发新想法的奥秘。

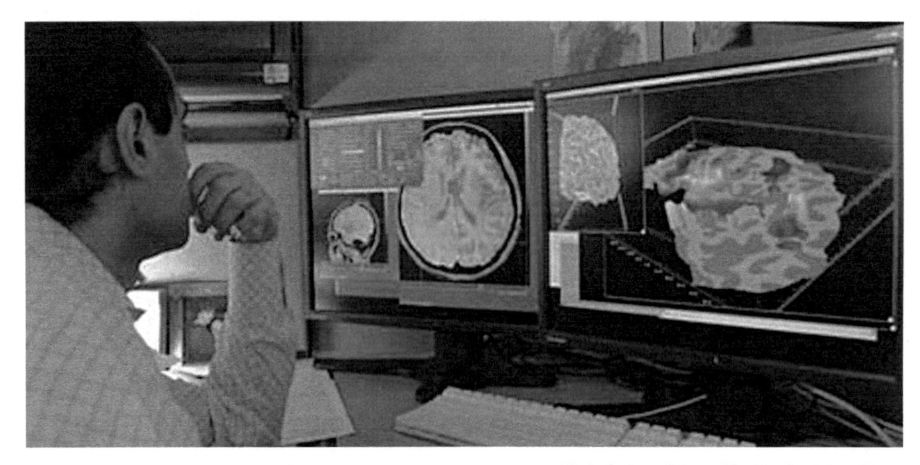

图片来自公共资源，美国国家卫生研究所

图 7-1 研究人员研究大脑的 fMRI 图像。fMRI 图像不能说明各个神经元的工作方式及神经网络的组织方式

全球范围内的科学家团队都在竞相破解大脑的奥秘，但请考虑这一点：人类的大脑中大约有 100 000 000 000（1000 亿）个神经元，每个神经元可能连接的神经元多达数万个。即便计算机拥有数十亿个逻辑门和数万亿字节（TB）内存，用当前的技术也不可能对一颗人脑完成建模。在可预见的未来，人类仍可能是最先进的通用学习体。

注意 所谓的强人工智能（strong AI），也就是通用人工智能（artificial general intelligence），其目标就是获得与人类能力相当的通用学习机器。纵观历史，目前这仍然是存在于科幻小说中的事物。弱人工智能（weak AI）则是已司空见惯的 AI 类型：计算机智能地完成预先配置好的指定任务。

如果我们对生物神经网络并不完全了解，又该如何将其建模为高效的计算技术呢？虽然数字神经网络，称为*人工神经网络*（artificial neural nctwork），受到了生物神经网络的启发，但也仅仅是受到了启发。现代的人工神经网络并不像对应的生物神经网络那样工作，事实上也不可能做到，因为生物神经网络如何开展工作尚不为人所完全了解。

7.2 人工神经网络

在本节中我们将介绍最常见的人工神经网络类型，一种带有反向传播（backpropagation）的前馈（feed-forward）网络，后续还将为其开发代码。前馈意味着信号在网络上通常往一个方向传递。*反向传播*则表示每次信号在网络中传播结束后都要查明误差，并尝试在网络上将这些误差的修正方案进行反向分发，特别是会影响对误差负最大责任的神经元。其他类型的人工神经网络还有许多，本章或许会激起大家进一步进行探索的兴趣。

7.2.1 神经元

人工神经网络中的最小单位是神经元。神经元拥有一个权重向量，即一串浮点数。输入的向量（也只是一些浮点数）将被传递给神经元。神经元用点积操作将这些输入与其权重合并在一起。然后对该点积执行*激活函数*（activation function），并将结果输出。上述操作可被视为与真正的神经元行为类似。

激活函数是神经元输出的转换器。激活函数几乎总是非线性的，这使得神经网络可以将结果表示为非线性问题。如果没有激活函数，则整个神经网络将只是一个线性转换。图 7-2 展示了一个神经元及其操作。

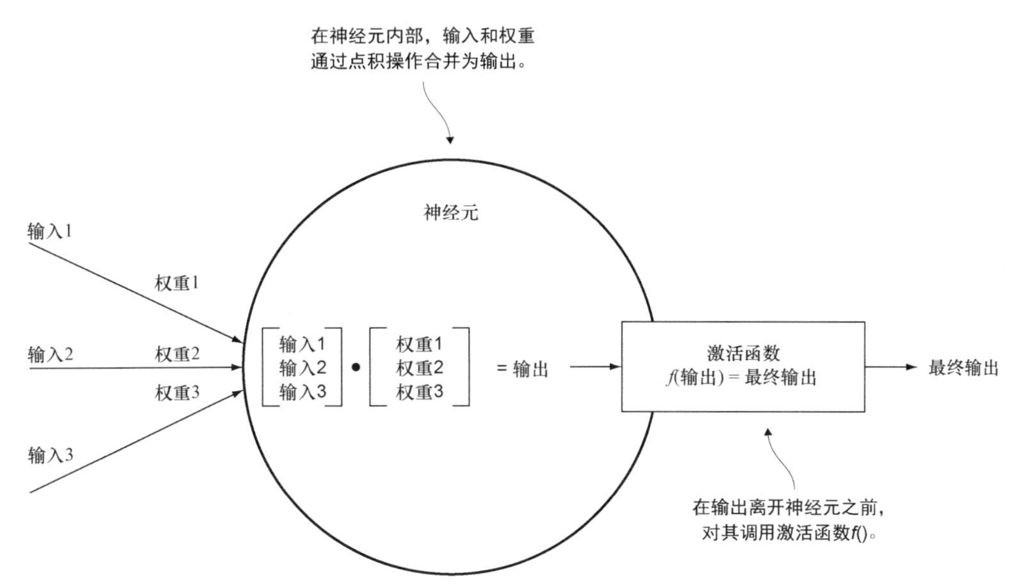

图 7-2 每个神经元将其权重与输入信号结合，生成一个经过激活函数修正的输出信号

注意 本节中有一些数学术语可能不会出现在微积分先修课程或线性代数课程中。对向量或点积的解释已经超出了本章的范围，但即便你没有完全理解这些数学知识，也可能从本章后续的内容中对

神经网络的行为获得一定的直觉上的了解。本章后面会出现一些微积分的知识，包括导数和偏导数的运用，但即使你没有完全理解这些数学知识，也应该能跟得上这些代码。事实上，本章不会解释如何用微积分进行公式推导，本章的重点将是求导的应用。

7.2.2 分层

在典型的前馈人工神经网络中，神经元被分为多个层。每层由一定数量的神经元排成行或列构成，是行还是列由示意图而定，两者是等价的。在下面将要构建的前馈网络中，信号总是从一层单向传递到下一层。每层中的神经元发送其输出信号，作为下一层神经元的输入。每层的每个神经元都与下一层的每个神经元相连。

第一层称为*输入层*，它从某个外部实体接收信号。最后一层称为*输出层*，其输出通常必须经由外部角色解释才能得出有意义的结果。输入层和输出层之间的层称为*隐藏层*。在本章中，我们即将构建的简单神经网络中只有一个隐藏层，但深度学习网络的隐藏层会有很多。图 7-3 呈现了一个简单神经网络中各层的协同工作过程。请注意某一层的输出是如何用作下一层每个神经元的输入的。

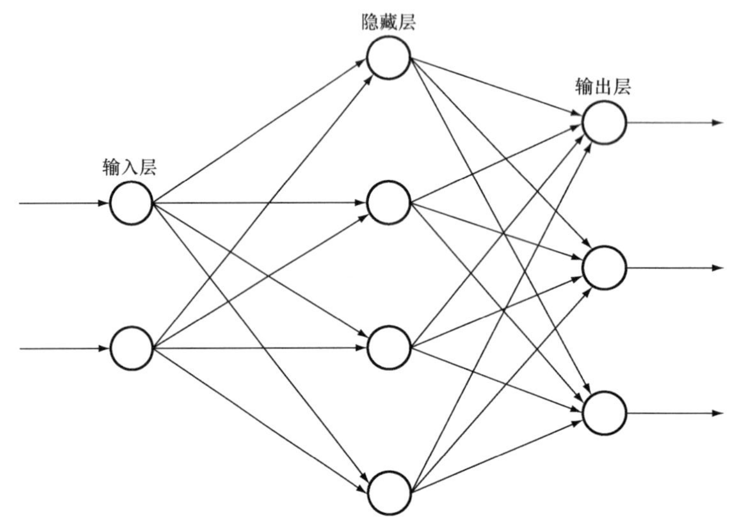

图 7-3 一个简单的神经网络，这个神经网络有一个包含 2 个神经元的输入层、一个包含 4 个神经元的隐藏层和一个包含 3 个神经元的输出层。每层的神经元数量可以是任意多个

这些层只是对浮点数做一些操作。输入层的输入是浮点数，输出层的输出也是浮点数。

显然，这些数字必须代表一些有意义的东西。不妨将此神经网络想象为要对黑白的动物小图片进行分类。也许输入层有 100 个神经元，代表 10 像素×10 像素的动物图片中每个像素的灰度值，而输出层则有 5 个神经元，代表此图片是哺乳动物、爬行动物、两栖动物、鱼类或鸟类的可能性。最终的分类可以由浮点数输出值最大的那个输出神经元来确定。假设输出数值分别为 0.24、0.65、0.70、0.12 和 0.21，则此图片将被确定为两栖动物。

7.2.3 反向传播

最后一部分，也是最复杂的部分，就是反向传播。反向传播将在神经网络的输出中发现误差，并用它来修正神经元的权重。某个神经元对误差担负的责任越大，对其修正就会越多。但误差从何而来？我们如何才能知道存在误差呢？

误差由被称为训练（training）的神经网络应用阶段获得。

提示 本节会有几个步骤写成了数学公式。伪公式（符号不一定很恰当）写在了配图中。这种写法将让那些对数学符号不在行（或生疏）的人更容易读懂这些公式。如果你对更正规的符号（及公式的推导）感兴趣，请查看 Russell 和 Norvig 的《人工智能：一种现代的方法（第 3 版）》的第 18 章[①]。

大多数神经网络在使用之前，都必须经过训练。我们必须知道通过某些输入能够获得的正确输出，以便用预期输出和实际输出的差异来查找误差并修正权重。换句话说，神经网络在最开始时是一无所知的，直至它们知晓对于某组特定输入集的正确答案，在这之后才能为其他输入做好准备。反向传播仅发生在训练期间。

注意 因为大多数神经网络都必须经过训练，所以其被认为是一种监督机器学习。请回想一下第 6 章，*k* 均值聚类算法和其他聚类算法被认为是一种无监督机器学习算法，因为它们一旦启动就无须进行外部干预。除本章介绍的这种神经网络之外，其他还有一些类型的神经网络是不需要预训练的，那些神经网络可被视为无监督机器学习。

反向传播的第一步，是计算神经网络针对某些输入的输出与预期输出之间的误差。输出层中的所有神经元都会具有这一误差（每个神经元都有一个预期输出及其实际输出）。然后，输出神经元的激活函数的导数将会应用于该神经元在其激活函数被应用之前输出的值（这里缓存了一份应用激活函数前的输出值）。将求导结果再乘以神经元的误差，求其 delta。求 delta 公式用到了偏导数，其微积分推导过程超出了本书的范围，大致就是要计算出每个输出神经元承担的误差量。有关此计算的示意图，如图 7-4 所示。

然后必须为网络所有隐藏层中的每个神经元计算 delta。每个神经元对输出层的不正确输出所承担的责任都必须明确。输出层中的 delta 将会用于计算上一个隐藏层中的 delta。根据下层各神经元权重的点积和在下层中已算出的 delta，可以算出上一层的 delta。将这个值乘

① Stuart Russell 和 Peter Norvig 的《人工智能：一种现代的方法（第 3 版）》（*Artificial Intelligence: A Modern Approach, Third Edition*）。

以调用神经元最终输出（在调用激活函数之前已缓存）的激活函数的导数，即可获得当前神经元的 delta。同样，这个公式是用偏导数推导得出的，有关介绍可以在更专业的数学课本中找到。

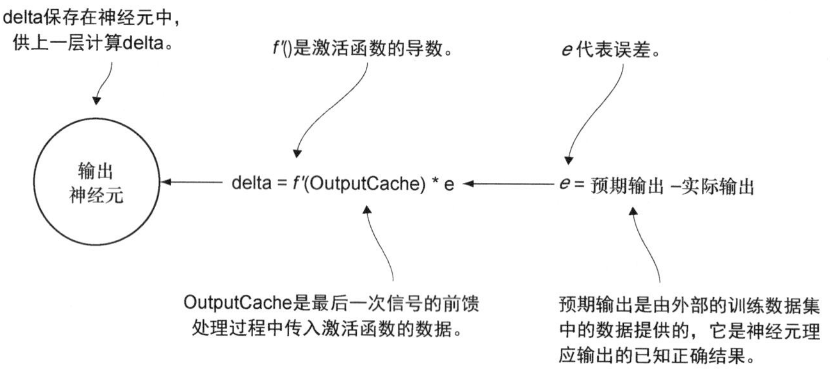

图 7-4　在训练的反向传播阶段计算输出神经元的 delta 的机制

图 7-5 呈现了隐藏层中各神经元的 delta 的实际计算过程。在包含多个隐藏层的网络中，神经元 O1、O2 和 O3 可能不属于输出层，而属于下一个隐藏层。

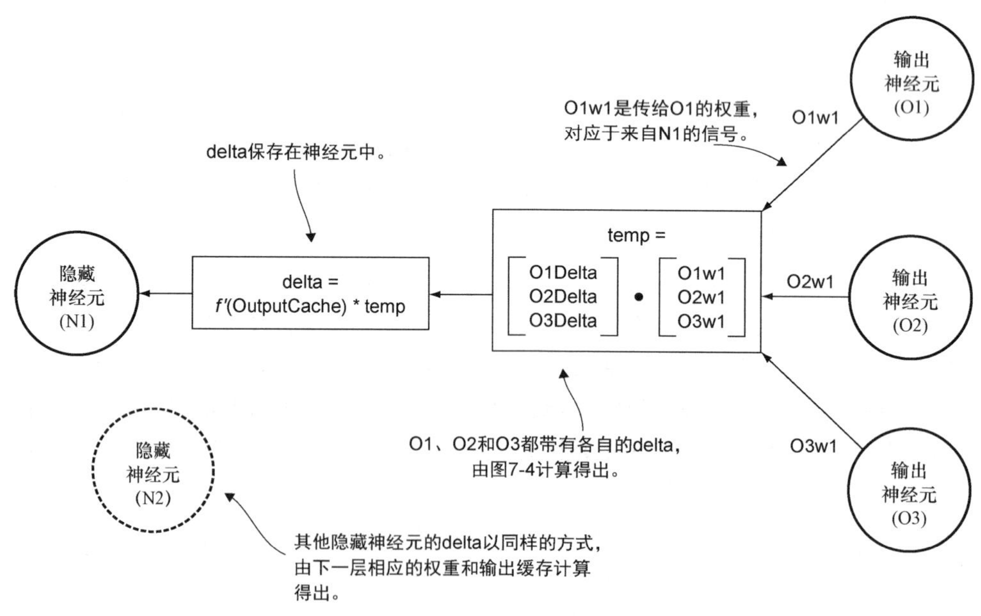

图 7-5　隐藏层中神经元的 delta 的计算过程

最重要的一点是，网络中每个神经元的权重都必须进行更新，更新方式是把每个权重的最近一次输入、神经元的 delta 和一个名为学习率（learning rate）的数相乘，再将结果与现有权重相加。这种改变神经元权重的方式被称为梯度下降（gradient descent）。这就像爬一座小山，表示神经元的误差函数向最小误差的点不断靠近。delta 代表了爬山的方向，学习率则会影响攀爬的速度。不经过反复的试错，很难为未知的问题确定良好的学习率。图 7-6 呈现了隐藏层和输出层中每个权重的更新方式。

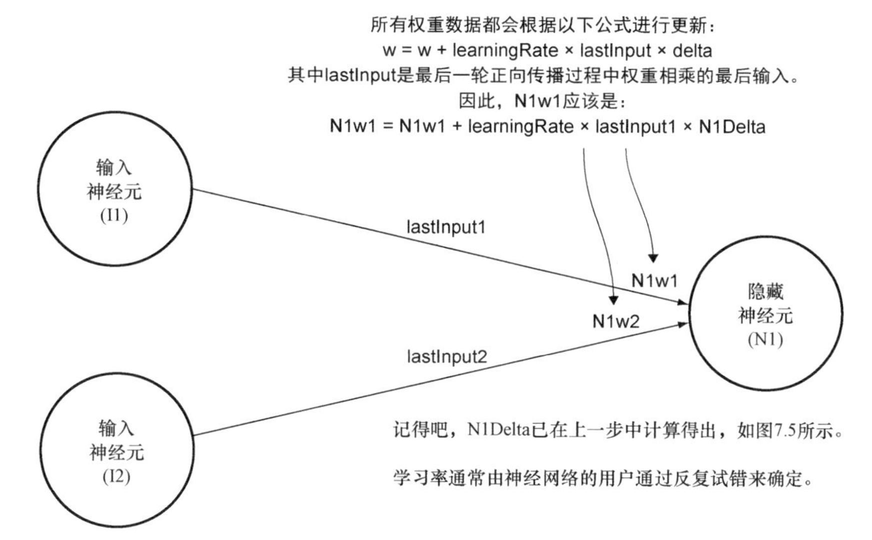

图 7-6　用前面步骤求得的 delta、原权重、原输入和用户指定的学习率更新每个隐藏层和输出层中神经元的权重

一旦权重更新完毕，神经网络就可以用其他输入和预期输出再次进行训练。此过程将一直重复下去，直至该神经网络的用户认为其已经训练好了，这可以用正确输出已知的输入进行测试来确定。

反向传播确实比较复杂。如果你还未掌握所有细节，请不必担心。仅凭本节的讲解可能还不够充分。在理想情况下，编写反向传播算法的实现代码会提升你对它的理解程度。在实现神经网络和反向传播时，请牢记一个首要主题：反向传播是一种根据每个权重对造成不正确输出所承担的责任来调整该权重的方法。

7.2.4　全貌

本节已经介绍了很多基础知识。虽然细节还没有呈现出什么意义，但重要的是要牢记反向传播的前馈网络具备以下特点。

- 信号（浮点数）在各个神经元间单向传递，这些神经元按层组织在一起。每层所有的神经元都与下一层的每个神经元相连。
- 每个神经元（输入层除外）都将对接收到的信号进行处理，将信号与权重（也是浮点数）

合并在一起并调用激活函数。

- 在训练过程中，将网络的输出与预期输出进行比较，计算出误差。
- 误差在网络中反向传播（返回出发地）以修改权重，使其更有可能创建正确的输出。

训练神经网络的方法远不止本书介绍的这一种。信号在神经网络中的移动方式还有很多种。这里介绍的及后续将要实现的方法，只是一种特别常见的形式，适合作为一种正规的介绍。附录 B 列出了进一步学习神经网络（包括其他类型）和数学知识所需的资源。

7.3 预备知识

神经网络用到的数学机制需要进行大量的浮点操作。在开发简单神经网络的实际结构之前，我们需要用到一些数学原语（primitive）。这些简单的原语将被广泛运用于后面的代码中，因此如果我们能找到使其加速的方法，将能真正改善神经网络的性能。

警告 本章的代码无疑比本书的其他代码都要复杂。需要构建的代码有很多，而实际执行结果只有在最后才能看到。有很多相关资源会帮你用几行代码就构建一个神经网络，但是本示例的目标是要探究其运作机制，以及各组件如何以高可读性和高扩展性的方式协同工作。这就是本书的目标，尽管代码越长表现力越强。

7.3.1 点积

大家都还记得，前馈阶段和反向传播阶段都需要用到点积。幸运的是，用 Python 内置函数 `zip()` 和 `sum()` 很容易就能实现点积。先把函数保存在 util.py 文件中。具体代码如代码清单 7-1 所示。

代码清单 7-1 util.py

```
from typing import List
from math import exp

# dot product of two vectors
def dot_product(xs: List[float], ys: List[float]) -> float:
    return sum(x * y for x, y in zip(xs, ys))
```

7.3.2 激活函数

回想一下，在信号被传递到下一层之前，激活函数对神经元的输出进行转换（如图 7-2 所示）。激活函数有两个目的：一是让神经网络不只是能表示线性变换的解（只要激活函数本身不只是线性变换）；二是能将每个神经元的输出保持在一定范围内。激活函数应该具有可计算的导数，这样它就能用于反向传播。

sigmoid 函数就是一组流行的激活函数。图 7-7 中展示了一种特别流行的 sigmoid 函数（通常“sigmoid 函数”就是指它），在图中被称为 $S(x)$，还给出了它的表达式及其导数（$S'(x)$）。sigmoid 函数的结果一定是介于 0 和 1 之间的值。大家即将看到，让数值始终保持在 0 和 1 之间对神经网络来说是很有用的。图 7-7 中的公式很快就会出现在代码中了。

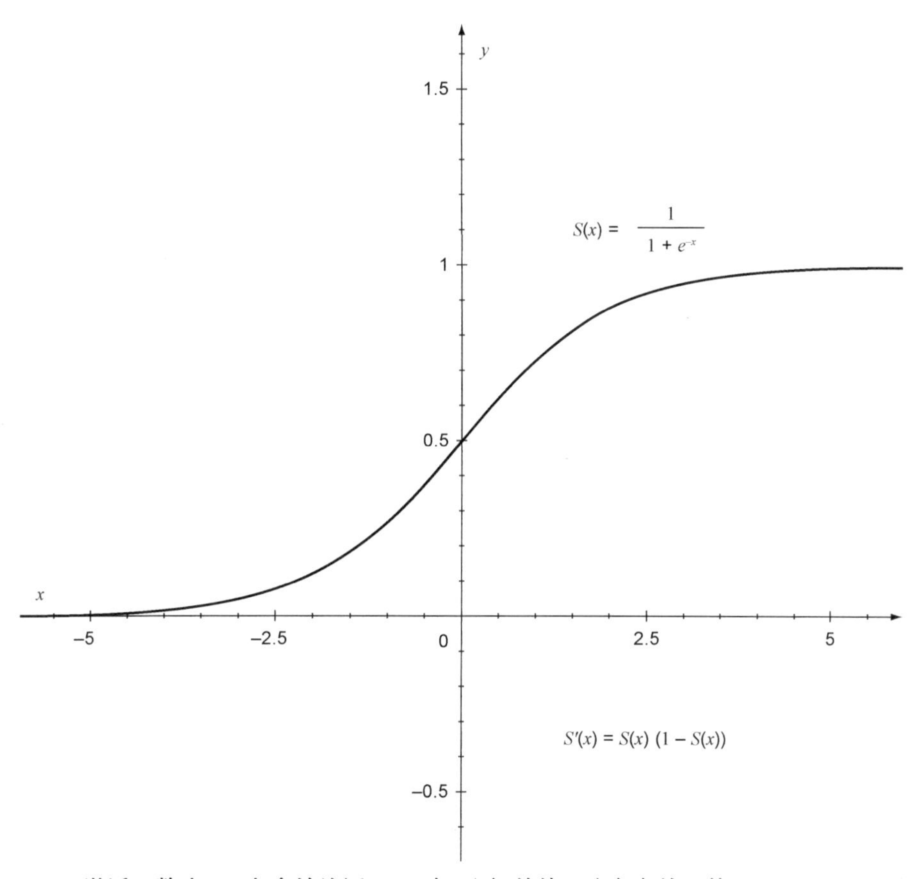

图 7-7 sigmoid 激活函数（$S(x)$）会始终返回 0 到 1 之间的值。注意它的导数（$S'(x)$）同样也很容易计算

其他的激活函数还有很多，但这里将采用 sigmoid 函数。下面把图 7-7 中的公式直接转换为代码，如代码清单 7-2 所示。

代码清单 7-2 util.py（续）

```
# the classic sigmoid activation function
def sigmoid(x: float) -> float:
    return 1.0 / (1.0 + exp(-x))
```

```
def derivative_sigmoid(x: float) -> float:
    sig: float = sigmoid(x)
    return sig * (1 - sig)
```

7.4 构建神经网络

为了对神经网络中的 3 种组织单位（神经元、层和神经网络本身）进行建模，我们将会创建多个类。为简单起见，将从最小的神经元开始，再到核心组件（层），直至构建最大组件（整个神经网络）。随着组件从小到大，我们会对前一级进行封装。神经元对象只能看到自己。层对象会看到其包含的神经元和其他层。神经网络对象则能看到全部的层。

注意 本章有很多代码行会比较长，无法完全适应印刷书籍的行宽限制。我们强烈建议读者下载本章的源代码，并在计算机屏幕上浏览代码。

7.4.1 神经元的实现

先从神经元开始吧。一个神经元对象将会保存很多状态，包括其权重、delta、学习率、最近一次输出的缓存、激活函数及其导数等。其中某些内容如果保存在高一个级别的对象中（后续的 Layer 类中），性能可能会更好，但为了演示，它们还是被包含在代码清单 7-3 的 Neuron 类中。

代码清单 7-3 neuron.py（续）

```
from typing import List, Callable
from util import dot_product

class Neuron:
    def __init__(self, weights: List[float], learning_rate: float, activation_function:
      Callable[[float], float], derivative_activation_function: Callable[[float],
      float]) -> None:
      self.weights: List[float] = weights
      self.activation_function: Callable[[float], float] = activation_function
      self.derivative_activation_function: Callable[[float], float] = derivative_
        activation_function
      self.learning_rate: float = learning_rate
      self.output_cache: float = 0.0
      self.delta: float = 0.0

    def output(self, inputs: List[float]) -> float:
        self.output_cache = dot_product(inputs, self.weights)
```

```
        return self.activation_function(self.output_cache)
```

大多数参数都在__init__()方法中完成初始化。因为在首次创建 Neuron 时，delta 和 output_cache 是未知的，所以只是将它们初始化为 0。所有神经元的变量都是可变的。在神经元的生命周期中，它们的值可能永远都不会发生变化（即将如此运用），但为了保持灵活性还是设为可变为好。如果这个 Neuron 类将与其他类型的神经网络一起合作，则其中某些值可能会在运行中发生变化。有一些神经网络可以在求解过程中改变学习率，并自动尝试各种不同的激活函数。这里我们将努力让 Neuron 类保持最大的灵活性，以便适应其他的神经网络应用。

除__init__()之外，Neuron 类只有一个 output() 方法。output() 的参数为进入神经元的输入信号（inputs），它调用本章的前面讨论过的公式（如图 7-2 所示）。输入信号通过点积操作与权重合并在一起，并在 output_cache 中留了一份缓存数据。回想一下介绍反向传播的章节，在应用激活函数之前获得的这个值将用于计算 delta。最后，信号被继续发送给下一层（从 output() 返回）之前，将对其应用激活函数。

就这些了！这个神经网络中的神经元个体非常简单，除了读取输入信号、对其进行转换并发送结果以供进一步处理，它不做别的事情。它维护着供其他类使用的几种状态数据。

7.4.2 层的实现

本章的神经网络中的层对象需要维护 3 种状态数据：所含神经元、其上一层和输出缓存。输出缓存类似于神经元的缓存，但高一个级别。它缓存了层中每一个神经元在调用激活函数之后的输出。

在创建时，层对象的主要职责是初始化其内部的神经元。因此，Layer 类的__init__()方法需要知道应该初始化多少个神经元，它们的激活函数是什么，以及它们的学习率为多少。在本章这个简单的神经网络中，层中的每个神经元都有相同的激活函数和学习率。具体代码如代码清单 7-4 所示。

代码清单 7-4 layer.py（续）

```
from __future__ import annotations
from typing import List, Callable, Optional
from random import random
from neuron import Neuron
from util import dot_product


class Layer:
    def __init__(self, previous_layer: Optional[Layer], num_neurons: int, learning_
      rate: float, activation_function: Callable[[float], float], derivative_activation_
```

```
        function: Callable[[float], float]) -> None:
    self.previous_layer: Optional[Layer] = previous_layer
    self.neurons: List[Neuron] = []
    # the following could all be one large list comprehension
    for i in range(num_neurons):
        if previous_layer is None:
            random_weights: List[float] = []
        else:
            random_weights = [random() for _ in range(len(previous_layer.neurons))]
        neuron: Neuron = Neuron(random_weights, learning_rate, activation_function,
          derivative_activation_function)
        self.neurons.append(neuron)
    self.output_cache: List[float] = [0.0 for _ in range(num_neurons)]
```

当信号在神经网络中前馈时，Layer 必须让每个神经元都对其进行处理。请记住，层中的每个神经元都会接收到上一层中每个神经元传入的信号。outputs()正是如此处理的。outputs()还会返回处理后的结果（以便经由网络传递到下一层）并将输出缓存一份。如果不存在上一层，则表示本层为输入层，只要将信号向前传递给下一层即可。具体代码如代码清单 7-5 所示。

代码清单 7-5　layer.py（续）

```
def outputs(self, inputs: List[float]) -> List[float]:
    if self.previous_layer is None:
        self.output_cache = inputs
    else:
        self.output_cache = [n.output(inputs) for n in self.neurons]
    return self.output_cache
```

在反向传播时需要计算两种不同类型的 delta：输出层中神经元的 delta 和隐藏层中神经元的 delta。图 7-4 和图 7-5 中分别给出了公式的描述，代码清单 7-6 中的两个方法只是机械地将公式转换成了代码。稍后在反向传播过程中神经网络对象将会调用这两个方法。

代码清单 7-6　layer.py（续）

```
# should only be called on output layer
def calculate_deltas_for_output_layer(self, expected: List[float]) -> None:
    for n in range(len(self.neurons)):
        self.neurons[n].delta = self.neurons[n].derivative_activation_function
         (self.neurons[n].output_cache) * (expected[n] - self.output_cache[n])

# should not be called on output layer
```

```
    def calculate_deltas_for_hidden_layer(self, next_layer: Layer) -> None:
        for index, neuron in enumerate(self.neurons):
            next_weights: List[float] = [n.weights[index] for n in next_layer.neurons]
            next_deltas: List[float] = [n.delta for n in next_layer.neurons]
            sum_weights_and_deltas: float = dot_product(next_weights, next_deltas)
            neuron.delta = neuron.derivative_activation_function(neuron.output_cache) *
            sum_weights_and_deltas
```

7.4.3 神经网络的实现

神经网络对象本身只包含一种状态数据，即神经网络管理的层对象。Network 类负责初始化其构成层。

__init__()方法的参数为描述网络结构的 int 列表。例如，列表[2, 4, 3]描述的网络为：输入层有 2 个神经元，隐藏层有 4 个神经元，输出层有 3 个神经元。在这个简单的网络中，假设网络中的所有层都将采用相同的神经元激活函数和学习率。具体代码如代码清单 7-7 所示。

代码清单 7-7 network.py

```
from __future__ import annotations
from typing import List, Callable, TypeVar, Tuple
from functools import reduce
from layer import Layer
from util import sigmoid, derivative_sigmoid

T = TypeVar('T') # output type of interpretation of neural network

class Network:
    def __init__(self, layer_structure: List[int], learning_rate: float,
     activation_function: Callable[[float], float] = sigmoid,
     derivative_activation_function:
     Callable[[float], float] = derivative_sigmoid) -> None:
      if len(layer_structure) < 3:
          raise ValueError("Error: Should be at least 3 layers (1 input, 1 hidden,
          1 output)")
      self.layers: List[Layer] = []
      # input layer
      input_layer: Layer = Layer(None, layer_structure[0], learning_rate,
       activation_function, derivative_activation_function)
      self.layers.append(input_layer)
      # hidden layers and output layer
```

```
        for previous, num_neurons in enumerate(layer_structure[1::]):
            next_layer = Layer(self.layers[previous], num_neurons, learning_rate,
             active ation_function, derivative_activation_function)
            self.layers.append(next_layer)
```

神经网络的输出是信号经由其所有层传递之后的结果。注意简洁的 reduce() 函数是如何用在 outputs() 中，将信号反复从一层传递到下一层，进而传遍整个网络的。具体代码如代码清单 7-8 所示。

代码清单 7-8 network.py（续）

```
    # Pushes input data to the first layer, then output from the first
    # as input to the second, second to the third, etc.
    def outputs(self, input: List[float]) -> List[float]:
        return reduce((lambda inputs, layer: layer.outputs(inputs)), self.layers, input)
```

backpropagate() 方法负责计算网络中每个神经元的 delta。它会依次调用 Layer 类的 calculate_deltas_for_output_layer() 方法和 calculate_deltas_for_hidden_layer() 方法。还记得吧，在反向传播时要反向计算 delta。它会把给定输入集的预期输出值传递给 calculate_ deltas_for_output_layer()。该方法将用预期输出值求出误差，以供计算 delta 时使用。具体代码如代码清单 7-9 所示。

代码清单 7-9 network.py（续）

```
    # Figure out each neuron's changes based on the errors of the output
    # versus the expected outcome
    def backpropagate(self, expected: List[float]) -> None:
        # calculate delta for output layer neurons
        last_layer: int = len(self.layers) - 1
        self.layers[last_layer].calculate_deltas_for_output_layer(expected)
        # calculate delta for hidden layers in reverse order
        for l in range(last_layer - 1, 0, -1):
            self.layers[l].calculate_deltas_for_hidden_layer(self.layers[l + 1])
```

backpropagate() 的确负责计算所有的 delta，但它不会真的去修改网络中的权重。update_weights() 必须在 backpropagate() 之后才能被调用，因为权重的修改依赖 delta。update_weights() 方法直接来自图 7-6 中的公式。具体代码如代码清单 7-10 所示。

代码清单 7-10 network.py（续）

```
    # backpropagate() doesn't actually change any weights
    # this function uses the deltas calculated in backpropagate() to
    # actually make changes to the weights
```

```
    def update_weights(self) -> None:
        for layer in self.layers[1:]: # skip input layer
            for neuron in layer.neurons:
                for w in range(len(neuron.weights)):
                    neuron.weights[w] = neuron.weights[w] + (neuron.learning_rate *
                      (layer.previous_layer.output_cache[w]) * neuron.delta)
```

在每轮训练结束时，会对神经元的权重进行修改。必须向神经网络提供训练数据集（同时给出输入与预期的输出）。train()方法的参数即为输入列表的列表和预期输出列表的列表。train()方法在神经网络上运行每一组输入，然后以预期输出为参数调用 backpropagate()，然后再调用 update_weights()，以更新网络的权重。不妨试着在 train()方法中添加代码，使得在神经网络中传递训练数据集时能把误差率打印出来，以便于查看梯度下降过程中误差率是如何逐渐降低的。具体代码如代码清单 7-11 所示。

代码清单 7-11　network.py（续）

```
    # train() uses the results of outputs() run over many inputs and compared
    # against expecteds to feed backpropagate() and update_weights()
    def train(self, inputs: List[List[float]], expecteds: List[List[float]]) -> None:
        for location, xs in enumerate(inputs):
            ys: List[float] = expecteds[location]
            outs: List[float] = self.outputs(xs)
            self.backpropagate(ys)
            self.update_weights()
```

在神经网络经过训练后，我们需要对其进行测试。validate()的参数为输入和预期输出（与 train()的参数没什么区别），但它们不会用于训练，而会用来计算准确度的百分比。这里假定网络已经过训练。validate()还有一个参数是函数 interpret_output()，该函数用于解释神经网络的输出，以便将其与预期输出进行比较。或许预期输出不是一组浮点数，而是像"Amphibian"这样的字符串。interpret_output()必须读取作为网络输出的浮点数，并将其转换为可以与预期输出相比较的数据。interpret_output()是特定于某数据集的自定义函数。validate()将返回分类成功的类别数量、通过测试的样本总数和成功分类的百分比。具体代码如代码清单 7-12 所示。

代码清单 7-12　network.py（续）

```
    # for generalized results that require classification
    # this function will return the correct number of trials
    # and the percentage correct out of the total
    def validate(self, inputs: List[List[float]], expecteds: List[T], interpret_output:
        Callable[[List[float]], T]) -> Tuple[int, int, float]:
```

```
    correct: int = 0
    for input, expected in zip(inputs, expecteds):
        result: T = interpret_output(self.outputs(input))
        if result == expected:
            correct += 1
    percentage: float = correct / len(inputs)
    return correct, len(inputs), percentage
```

至此神经网络就完工了！已经可以用来进行一些实际问题的测试了。虽然此处构建的架构是通用的，足以应对各种不同的问题，但这里将重点解决一种流行的问题，即分类问题。

7.5 分类问题

在第 6 章中，用 *k* 均值聚类进行了数据集的分类，那时对每个单独数据的归属没有预先的设定。在聚类过程中，我们知道需要找到数据的一些类别，但事先不知道这些类别是什么。在分类问题中，我们仍然要尝试对数据集进行分类，但是会有预设的类别。例如，假设要对一组动物图片进行分类，我们可能会提前确定哺乳动物、爬行动物、两栖动物、鱼类和鸟类等类别。

可用于解决分类问题的机器学习技术有很多。或许你听说过支持向量机（support vector machine）、决策树（decision tree）或朴素贝叶斯分类算法（naive Bayes classifier）。其他还有很多。近来，神经网络已经在分类领域中得到广泛应用。与其他的一些分类算法相比，神经网络的计算更为密集，但它能够对表面看不出是什么类型的数据进行分类，这使其成为一种强大的技术。很多有趣的图像分类程序在为现代的图片软件赋能，这些程序背后都用到了神经网络分类算法。

为什么对分类问题应用神经网络出现了复兴现象呢？因为硬件的运行速度已经变得足够快了，与其他算法相比，神经网络需要的额外计算量相对于获得的收益而言变得划算起来了。

7.5.1 数据的归一化

在被输入神经网络之前，待处理的数据集通常需要进行一些清理。清理可能会包括移除无关字符、删除重复项、修复错误和其他琐事。对于即将被处理的两个数据集，需要执行的清理工作就是归一化。在第 6 章中，我们用 KMeans 类中的 zscore_normalize()方法完成了归一化。归一化就是读取以不同尺度（scale）记录的属性值，并将它们转换为相同的尺度。

因为有了 sigmoid 激活函数，神经网络中的每个神经元都会输出 0 到 1 之间的值。看来 0 到 1 之间的尺度对于输入数据集中的属性也有意义是合乎逻辑的。将尺度从某一范围转换为 0 到 1 之间的范围并没有什么挑战性。对于最大值为 max、最小值为 min 的某个属性范围内的任意值

V,转换公式就是 newV =(oldV- min)/(max - min)。此操作被称为特征缩放(feature scaling)。代码清单 7-13 给出的是加入 util.py 中的一种 Python 实现。

代码清单 7-13　util.py（续）

```
# assume all rows are of equal length
# and feature scale each column to be in the range 0 - 1
def normalize_by_feature_scaling(dataset: List[List[float]]) -> None:
    for col_num in range(len(dataset[0])):
        column: List[float] = [row[col_num] for row in dataset]
        maximum = max(column)
        minimum = min(column)
        for row_num in range(len(dataset)):
            dataset[row_num][col_num] = (dataset[row_num][col_num] - minimum) /
             (maximum - minimum)
```

看一下参数 dataset。它是一个引用，指向即将在原地被修改的列表的列表。换句话说，normalize_by_feature_scaling()收到的不是数据集的副本，而是对原始数据集的引用。这里是要对值进行修改，而不是接收转换过的副本。

另外请注意，本程序假定数据集是由 float 类型数据构成的二维列表。

7.5.2　经典的鸢尾花数据集

就像经典计算机科学问题一样，机器学习中也有经典的数据集。这些数据集可用于验证新技术，并与现有技术进行比较。它们还能用作首次学习机器学习算法的良好起点。最著名的机器学习数据集或许就是鸢尾花数据集了。该数据集最初收集于 20 世纪 30 年代，包含 150 个鸢尾花(花很漂亮) 植物样本，分为 3 个不同的品种，每个品种 50 个样本。每种植物以 4 种不同的属性进行考量：萼片长度、萼片宽度、花瓣长度和花瓣宽度。

值得注意的是，神经网络并不关心各个属性所代表的含义。它的训练模型并不会区分萼片长度和花瓣长度的重要程度。如果需要进行这种区分，则由该神经网络的用户进行适当的调整。

本书附带的源码库包含了一个以鸢尾花数据集为特征值的逗号分隔值（CSV）文件[1]。鸢尾花数据集来自美国加利福尼亚大学的 UCI 机器学习库[2]。CSV 文件只是一个文本文件，其值以逗号分隔。CSV 文件是表格式数据（包括电子表格）的通用交换格式。

---

① 鸢尾花数据库也能从本书的 GitHub 上获取。

② M. Lichman 的 UCI Machine Learning Repositorg(Irvine，CA：University of California, School of Information and Computer Science，2013)。

以下是 iris.csv 中的一些数据行：

```
5.1,3.5,1.4,0.2,Iris-setosa
4.9,3.0,1.4,0.2,Iris-setosa
4.7,3.2,1.3,0.2,Iris-setosa
4.6,3.1,1.5,0.2,Iris-setosa
5.0,3.6,1.4,0.2,Iris-setosa
```

每行代表一个数据点，其中的 4 个数字分别代表 4 种属性（萼片长度、萼片宽度、花瓣长度和花瓣宽度），再次声明，它们实际代表的意义是无所谓的。每行末尾的名称代表鸢尾花的特定品种。这 5 行都属于同一品种，因为此样本是从 iris.csv 文件开头读取的，3 类品种数据是各自放在一起保存的，每个品种都有 50 行数据。

为了从磁盘读取 CSV 文件，我们将会用到 Python 标准库中的一些函数。csv 模块将有助于我们以结构化的方式读取数据。内置的 open() 函数将会创建一个用于传给 csv.reader() 的文件对象。在代码清单 7-14 中，除这几行读取文件的代码之外，其余都只是对 CSV 文件中的数据进行重新排列，以备神经网络训练和验证之用。

代码清单 7-14　iris_test.py

```python
import csv
from typing import List
from util import normalize_by_feature_scaling
from network import Network
from random import shuffle


if __name__ == "__main__":
   iris_parameters: List[List[float]] = []
   iris_classifications: List[List[float]] = []
   iris_species: List[str] = []
   with open('iris.csv', mode='r') as iris_file:
       irises: List = list(csv.reader(iris_file))
       shuffle(irises) # get our lines of data in random order
       for iris in irises:
           parameters: List[float] = [float(n) for n in iris[0:4]]
           iris_parameters.append(parameters)
           species: str = iris[4]
           if species == "Iris-setosa":
               iris_classifications.append([1.0, 0.0, 0.0])
           elif species == "Iris-versicolor":
               iris_classifications.append([0.0, 1.0, 0.0])
           else:
```

```
            iris_classifications.append([0.0, 0.0, 1.0])
        iris_species.append(species)
    normalize_by_feature_scaling(iris_parameters)
```

iris_parameters 代表每个样本的 4 种属性集，这些样本将用于对鸢尾花进行分类。iris_classifications 是每个样本的实际分类。此处的神经网络将包含 3 个输出神经元，每个神经元代表一种可能的品种。例如，最终输出的[0.9, 0.3, 0.1]将代表山鸢尾（iris-setosa），因为第一个神经元代表该品种，这里它的数值最大。

为了训练，正确答案是已知的，因此每条鸢尾花数据都带有预先标记的答案。对于应为山鸢尾的花朵数据，iris_classifications 中的数据项将会是[1.0, 0.0, 0.0]。这些值将用于计算每步训练后的误差。iris_species 直接对应每条花朵数据应该归属的英文类别名称。山鸢尾在数据集中将被标记为"Iris-setosa"。

警告 上述代码中缺少了错误检查代码，这会让代码变得相当危险，因此这些代码不适用于生产环境，但用来测试是没有问题的。

代码清单 7-15 中的代码定义了神经网络对象。

代码清单 7-15 iris_test.py（续）

```
iris_network: Network = Network([4, 6, 3], 0.3)
```

layer_structure 参数给定了包含 3 层（1 个输入层、1 个隐藏层和 1 个输出层）的网络[4, 6, 3]。输入层包含 4 个神经元，隐藏层包含 6 个神经元，输出层包含 3 个神经元。输入层中的 4 个神经元直接映射到用于对每个样本进行分类的 4 个参数。输出层中的 3 个神经元直接映射到 3 个不同的品种，对于每次的输入，我们都要分类为这 3 个品种。与其他一些公式相比，隐藏层的 6 个神经元存放的更多是一些尝试和误差的结果。learning_rate 也是如此。如果神经网络算法的准确度不够理想，不妨多次尝试这两个值（隐藏层中的神经元数量和学习率）。具体代码如代码清单 7-16 所示。

代码清单 7-16 iris_test.py（续）

```
def iris_interpret_output(output: List[float]) -> str:
    if max(output) == output[0]:
        return "Iris-setosa"
    elif max(output) == output[1]:
        return "Iris-versicolor"
    else:
        return "Iris-virginica"
```

iris_interpret_output()是一个实用函数，将会被传给神经网络对象的 validate()

方法，用于识别正确的分类。

至此，终于可以对神经网络对象进行训练了。具体代码如代码清单 7-17 所示。

代码清单 7-17 iris_test.py（续）

```
# train over the first 140 irises in the data set 50 times
iris_trainers: List[List[float]] = iris_parameters[0:140]
iris_trainers_corrects: List[List[float]] = iris_classifications[0:140]
for _ in range(50):
    iris_network.train(iris_trainers, iris_trainers_corrects)
```

这里将对 150 条鸢尾花数据集的前 140 条进行训练。还记得吧，从 CSV 文件中读取的数据行是经过重新排列的。这确保了每次运行程序时，训练的都是数据集的不同子集。注意，这 140 条鸢尾花数据会被训练 50 次。训练的次数将对神经网络的训练时间产生很大影响。一般来说，训练次数越多，神经网络算法就越准确。最后的测试代码将会用数据集中的最后 10 条鸢尾花数据来验证分类的正确性。具体代码如代码清单 7-18 所示。

代码清单 7-18 iris_test.py（续）

```
# test over the last 10 of the irises in the data set
iris_testers: List[List[float]] = iris_parameters[140:150]
iris_testers_corrects: List[str] = iris_species[140:150]
iris_results = iris_network.validate(iris_testers, iris_testers_corrects, iris_
  interpret_output)
print(f"{iris_results[0]} correct of {iris_results[1]} = {iris_results[2] * 100}%")
```

上述所有工作引出了最终求解的问题：在数据集中随机选取 10 条鸢尾花数据，这里的神经网络对象可以对其中多少条数据进行正确分类？每个神经元的起始权重都是随机的，因此每次不同的运行都可能会得出不同的结果。不妨试着对学习率、隐藏神经元的数量和训练迭代次数进行调整，以便让神经网络对象变得更加准确。

最终应该会得出类似如下的结果：

```
9 correct of 10 = 90.0%
```

7.5.3 葡萄酒的分类

下面将用另一个数据集对本章的神经网络模型进行测试，该数据集是基于对多个意大利葡萄酒品种的化学分析得来的[①]。数据集中有 178 个样本。使用方式与鸢尾花数据集大致相同，只是

① M. Lichman 的 UCI Machine Learning Repository（Irvine，CA：University of California, School of Information and Computer Science, 2013）。

CSV 文件的布局稍有差别。下面给出一个示例：

```
1,14.23,1.71,2.43,15.6,127,2.8,3.06,.28,2.29,5.64,1.04,3.92,1065
1,13.2,1.78,2.14,11.2,100,2.65,2.76,.26,1.28,4.38,1.05,3.4,1050
1,13.16,2.36,2.67,18.6,101,2.8,3.24,.3,2.81,5.68,1.03,3.17,1185
1,14.37,1.95,2.5,16.8,113,3.85,3.49,.24,2.18,7.8,.86,3.45,1480
1,13.24,2.59,2.87,21,118,2.8,2.69,.39,1.82,4.32,1.04,2.93,735
```

每行的第一个值一定是 1 到 3 之间的整数，代表该条样本为 3 个品种之一。但请注意这里用于分类的参数更多一些。在鸢尾花数据集中，只有 4 个参数。而在这个葡萄酒数据集中，则有 13 个参数。

本章的神经网络模型的扩展性非常好，这里只需增加输入神经元的数量即可。wine_test.py 类似于 iris_test.py，但为了适应数据文件的布局差异而进行了一些微小的改动。具体代码如代码清单 7-19 所示。

代码清单 7-19 wine _test.py

```python
import csv
from typing import List
from util import normalize_by_feature_scaling
from network import Network
from random import shuffle

if __name__ == "__main__":
    wine_parameters: List[List[float]] = []
    wine_classifications: List[List[float]] = []
    wine_species: List[int] = []
    with open('wine.csv', mode='r') as wine_file:
        wines: List = list(csv.reader(wine_file, quoting=csv.QUOTE_NONNUMERIC))
        shuffle(wines) # get our lines of data in random order
        for wine in wines:
            parameters: List[float] = [float(n) for n in wine[1:14]]
            wine_parameters.append(parameters)
            species: int = int(wine[0])
            if species == 1:
                wine_classifications.append([1.0, 0.0, 0.0])
            elif species == 2:
                wine_classifications.append([0.0, 1.0, 0.0])
            else:
                wine_classifications.append([0.0, 0.0, 1.0])
            wine_species.append(species)
    normalize_by_feature_scaling(wine_parameters)
```

如前所述，在这个葡萄酒分类的神经网络模型中，层的参数需要用到 13 个输入神经元（每个参数一个神经元）。此外还需要 3 个输出神经元。（葡萄酒品种有 3 种，就像有 3 种鸢尾花一样。）有意思的是，虽然隐藏层中神经元的数量少于输入层中神经元的数量，但该神经网络对象的运行效果还算不错。一种直观的解释可能是，某些输入参数其实对分类没有帮助，在处理过程中将它们剔除会很有意义。当然，事实上这并不是隐藏层中神经元的数量减少却仍能正常工作的原因，但这种直观的想法还是挺有趣的。具体代码如代码清单 7-20 所示。

代码清单 7-20 wine _test.py（续）

```
wine_network: Network = Network([13, 7, 3], 0.9)
```

与之前一样，不妨试验一下不同数量的隐藏层神经元或不同的学习率，这会很有趣的。具体代码如代码清单 7-21 所示。

代码清单 7-21 wine _test.py（续）

```
def wine_interpret_output(output: List[float]) -> int:
    if max(output) == output[0]:
        return 1
    elif max(output) == output[1]:
        return 2
    else:
        return 3
```

wine_interpret_output()类似于 iris_interpret_output()。因为没有葡萄酒品种的名称，所以这里只能采用原数据集给出的整数值。具体代码如代码清单 7-22 所示。

代码清单 7-22 wine _test.py（续）

```
# train over the first 150 wines 10 times
wine_trainers: List[List[float]] = wine_parameters[0:150]
wine_trainers_corrects: List[List[float]] = wine_classifications[0:150]
for _ in range(10):
    wine_network.train(wine_trainers, wine_trainers_corrects)
```

数据集中的前 150 个样本将用于训练，剩下最后 28 个样本将用于验证。样本的训练次数为 10 次，明显少于训练鸢尾花数据集的 50 次。不知出于何种原因（可能是数据集的固有特性，也可能是学习率和隐藏神经元数量这些参数有调整），该数据集只需要少于鸢尾花数据集的训练次数就能达到高于鸢尾花数据集的准确度。具体代码如代码清单 7-23 所示。

代码清单 7-23 wine _test.py（续）

```
# test over the last 28 of the wines in the data set
wine_testers: List[List[float]] = wine_parameters[150:178]
wine_testers_corrects: List[int] = wine_species[150:178]
wine_results = wine_network.validate(wine_testers, wine_testers_corrects, wine_
  interpret_output)
print(f"{wine_results[0]} correct of {wine_results[1]} = {wine_results[2] * 100}%")
```

运气不错，这个神经网络模型应该能很准确地对 28 个样本进行分类。

```
27 correct of 28 = 96.42857142857143%
```

7.6 为神经网络提速

神经网络需要用到很多向量/矩阵方面的数学知识。从本质上说，这意味着要读取数据列表并立即对所有数据项进行某种操作。随着机器学习在社会生活中不断推广应用，经过优化的高性能向量/矩阵数学库变得越来越重要了。其中有很多库充分利用了 GPU，因为 GPU 对上述用途进行过优化。向量/矩阵是计算机图形学的核心内容。大家可能对一个较早的库规范已有所耳闻，这个库规范就是基础线性代数子程序（Basic Linear Algebra Subprogram，BLAS）。NumPy 是一种流行的 Python 数值库，它就是以 BLAS 为基础的。

除 GPU 之外，CPU 还具有能够加速向量/矩阵处理的扩展指令。NumPy 中就包括一些函数，这些函数采用了*单指令多数据*（Single Instruction, Multiple Data，SIMD）指令集。SIMD 指令是一种特殊的微处理器指令，允许一次处理多条数据。有时 SIMD 会被称为*向量指令*（vector instruction）。

不同的微处理器包含的 SIMD 指令也不一样。例如，G4 的 SIMD 扩展指令（21 世纪 00 年代早期 Mac 中的 PowerPC 架构处理器）被称为 AltiVec。与 iPhone 中的微处理器一样，ARM 微处理器具有名为 NEON 的扩展指令。现代 Intel 微处理器则包含名为 MMX、SSE、SSE2 和 SSE3 的 SIMD 扩展指令。幸运的是，大家不需要知道这些指令有什么差异。NumPy 之类的库会自动选择正确的指令，以便基于程序当前所处的底层架构实现高效计算。

因此，现实世界中的神经网络库（与本章的玩具库不同）会采用 NumPy 数组作为基本的数据结构，而不用 Python 标准库中的列表，这并不令人意外，但它们做的远不止这些。像 TensorFlow 和 PyTorch 这类流行的 Python 神经网络库，不仅采用 SIMD 指令，而且大量运用 GPU 进行计算。由于 GPU 明确就是为快速向量计算而设计的，因此与只在 CPU 上运行相比，GPU 能将神经网络的运行速度提升一个数量级。

请明确一点：*绝不能像本章这样只用 Python 的标准库来简单地实现神经网络产品*，而应采用经过高度优化的、启用了 SIMD 和 GPU 的库，如 TensorFlow。只有以下情况是例外，即为教学而设计或是只能在没有 SIMD 指令或 GPU 的嵌入式设备上运行的神经网络库。

7.7 神经网络问题及其扩展

得益于在深度学习方面所取得的进步，神经网络现在正在风靡，但它有一些显著的缺点。最大的问题是神经网络解决方案是一种类似于黑盒的模型。即便运行一切正常，用户也无法深入了解神经网络是如何解决问题的。例如，在本章中我们构建的鸢尾花数据集分类程序并没有明确展示输入的 4 个参数分别对输出的影响程度。在对每个样本进行分类时，萼片长度比萼片宽度更为重要吗?

如果对已训练网络的最终权重进行仔细分析，是有可能得出一些见解的，但这种分析并不容易，并且无法做到像线性回归算法那么精深，线性回归可以对被建模的函数中每个变量的作用做出解释。换句话说，神经网络可以解决问题，但不能解释问题是如何解决的。

神经网络的另一个问题是，为了达到一定的准确度，通常需要数据量庞大的数据集。想象一下户外风景图的分类程序。它可能需要对数千种不同类型的图像（森林、山谷、山脉、溪流、草原等）进行分类。训练用图可能就需要数百万张。如此大型的数据集不但难以获取，而且对某些应用程序而言可能根本就不存在。为了收集和存储如此庞大的数据集而拥有数据仓库和技术设施的，往往都是大公司和政府机构。

最后，神经网络的计算代价很高。可能大家已经注意到了，只是鸢尾花数据集的训练过程就能让 Python 解释器不堪重负。纯 Python 环境下（不带 NumPy 之类的 C 支持库）的计算性能是不太理想，但最要紧的是，在任何采用神经网络的计算平台上，训练过程都必须执行大量的计算，这会耗费很多时间。提升神经网络性能的技巧有很多（如使用 SIMD 指令或 GPU），但训练神经网络终究还是需要执行大量的浮点运算。

有一条告诫非常好，就是训练神经网络比实际运用神经网络的计算成本高。某些应用程序不需要持续不断的训练。在这些情况下，只要把训练完毕的神经网络放入应用程序，就能开始求解问题了。例如，Apple 的 Core ML 框架的第一个版本甚至不支持训练。它只能帮助应用程序开发人员在自己的应用程序中运行已训练过的神经网络模型。照片应用程序的开发人员可以下载免费的图像分类模型，将其放入 Core ML，马上就能开始在应用程序中使用高性能的机器学习算法了。

本章只构建了一类神经网络，即带反向传播的前馈网络。如上所述，还有很多其他类型的神经网络。卷积神经网络也是前馈的，但它具有多个不同类型的隐藏层、各种权重分配机制和其他一些有意思的属性，使其特别适用于图像分类。而在反馈神经网络中，信号不只是往一个方向传播。它们允许存在反馈回路，并已经证明能有效应用于手写识别和语音识别等连续输入类应用。

我们可以对本章的神经网络进行一种简单的扩展，即引入偏置神经元（bias neuron），这会提升网络的性能。偏置神经元就像某个层中的一个虚拟神经元（dummy neuron），它允许下一层的输出能够表达更多的函数，这可以通过给定一个常量输入（仍通过权重进行修改）来实现。在求解现实世界的问题时，即便是简单的神经网络通常也会包含偏置神经元。如果在本章的现有神经网络中添加了偏置神经元，我们可能只需较少的训练就能达到相近级别的准确度。

7.8 现实世界的应用

尽管人工神经网络在 20 世纪中叶就已被首次设想出来，但直到近十年才变得司空见惯。由于缺乏性能足够强大的硬件，人工神经网络的广泛应用曾经饱受阻碍。现在机器学习领域中增长最火爆的就是人工神经网络了，因为它们确实有效！

近几十年以来，人工神经网络已经实现了一些最激动人心的用户交互类计算应用，包括实用语音识别（准确度足够实用）、图像识别和手写识别。语音识别应用存在于 Dragon Naturally Speaking 之类的录入辅助程序和 Siri、Alexa、Cortana 等数字助理中。Facebook 运用人脸识别技术自动为照片中的人物打上标记，这是图像识别应用的一个实例。在最新版的 iOS 中，可以用手写识别功能搜索记事本中的内容，哪怕内容是手写的也没问题。

光学字符识别（Optical Character Recognition，OCR）是一种早期的识别技术，神经网络可以为其提供引擎。扫描文档时会用到 OCR 技术，它返回的不是图像，而是可供选择的文本。OCR 技术能让收费站读取车牌信息，还能让邮政服务对信件进行快速分拣。

本章已演示了神经网络可成功应用于分类问题。神经网络能够获得良好表现的类似应用还有推荐系统。不妨考虑一下，Netflix 推荐了你可能喜欢的电影，Amazon 推荐了你可能想读的书。还有其他一些机器学习技术也适用于推荐系统（Amazon 和 Netflix 不一定将神经网络用于推荐系统，它们的系统似乎是专用的），因此只有对所有可用技术都做过研究之后，才应该考虑采用神经网络。

任何需要近似计算某个未知函数的场合，都可以使用神经网络，这使它们很擅长预测。可以用神经网络来预测体育赛事、选举或股票市场的结果，事实上也确实如此。当然，预测的准确程度就要看训练有多好，与未知结果事件相关的可用数据集有多大，神经网络的参数调优程度如何，以及训练要迭代多少次了。像大多数神经网络应用一样，用于预测时最大的难点之一就是确定神经网络本身的结构，最终往往还是得靠反复试错来确定。

7.9 习题

1. 用本章中开发的神经网络框架对其他数据集进行分类。
2. 创建一个通用版的 `parse_CSV()` 函数，其参数要足够灵活，用以替换本章的两个 CSV 解析示例。

3. 尝试运用其他激活函数来运行本章的示例。（请记得还要求出激活函数的导数。）改变激活函数将对神经网络的准确度产生什么影响？训练的次数需要增加还是减少？
4. 用流行的神经网络框架（如 TensorFlow 或 PyTorch）重新创建解决方案，解决本章给出的示例问题。
5. 用 NumPy 重写 `Network`、`Layer` 和 `Neuron` 类，以加速本章中开发的神经网络的执行。

第 8 章　对抗搜索

所谓双人、零和（zero-sum）、全信息（perfect information）的对弈游戏，是指对弈双方均拥有关于游戏状态的所有信息，并且一方获得优势就意味着另一方失去优势。井字棋（tic-tac-toe）、四子棋（Connect Four）、跳棋和国际象棋都属于这类游戏。在本章中我们将研究如何创造一个棋艺高超的人造游戏棋手。实际上，本章中所讨论的技术与现代计算能力相结合，可以创造出一个完美玩转这类简单游戏的人造棋手，并且这个人造棋手能够应对很多超出所有人类棋手能力的复杂游戏。

8.1　棋盘游戏的基础组件

与本书中大多数更复杂的问题一样，解决方案应该尽可能保持通用。对于对抗搜索（adversarial search）而言，这意味着搜索算法不能仅适用于某个游戏。下面就从定义一些简单的基类开始，这些基类定义了搜索算法需要用到的所有状态。稍后，我们可以为特定的游戏（井字棋和四子棋）生成该基类的子类，并把子类提供给搜索算法从而开始“玩”游戏。代码清单 8-1 给出了这些基类。

代码清单 8-1　board.py

```
from __future__ import annotations
from typing import NewType, List
from abc import ABC, abstractmethod

Move = NewType('Move', int)

class Piece:
    @property
```

```
    def opposite(self) -> Piece:
        raise NotImplementedError("Should be implemented by subclasses.")

class Board(ABC):
    @property
    @abstractmethod
    def turn(self) -> Piece:
        ...

    @abstractmethod
    def move(self, location: Move) -> Board:
        ...

    @property
    @abstractmethod
    def legal_moves(self) -> List[Move]:
        ...

    @property
    @abstractmethod
    def is_win(self) -> bool:
        ...

    @property
    def is_draw(self) -> bool:
        return (not self.is_win) and (len(self.legal_moves) == 0)

    @abstractmethod
    def evaluate(self, player: Piece) -> float:
        ...
```

Move 类型代表游戏中的一步棋（move），本质上它只是一个整数。在井字棋和四子棋之类的游戏中，可以用整数来表示一步棋，指示棋子应该放置在哪个方格或列。Piece 是一个基类，用于表示游戏棋盘上的棋子。Piece 还兼有回合指示器的作用，因此它需要带有 opposite 属性。我们必须知道给定回合之后该轮到谁走棋了。

提示 因为在井字棋和四子棋游戏中每人只有一种棋子，所以 Piece 类在本章中可以兼有回合指示器的作用。而对于像国际象棋这种更复杂的游戏，棋子的类型有很多种，回合可以用一个整数或布尔值来指示。或者，更复杂的 Piece 类型也可以用“颜色”属性来指示回合。

棋盘的状态实际是由抽象基类 Board 维护的。针对本章搜索算法将要计算的游戏，我们需要能够回答以下 4 个问题：

- 该轮到谁走啦？
- 在当前位置上有哪些符合规则的走法？
- 游戏有人赢了吗？
- 游戏平局了吗？

对很多游戏而言，最后的是否平局问题实际上是前两个问题的组合。如果游戏没有人赢，也没有符合规则的棋步可走，那就是出现平局了。因此抽象基类 Game 就带了 is_draw 属性的具体实现。此外，我们还需要能实现以下操作：

- 从当前位置走到新的位置；
- 评估当前位置，看看哪位玩家占据了优势。

Board 的每个方法和属性分别代表了上述某个问题或操作。在游戏术语中，Board 类也可以被称作“棋局”（Position），但这里我们将用该命名来表示每个子类中更具体的内容。

8.2　井字棋

井字棋游戏的确十分简单，但它一样可以用于说明极小化极大算法（minimax algorithm），该算法可以应用于四子棋、跳棋和国际象棋等更高级的策略游戏。下面我们将构建一个运用极小化极大策略完美玩转井字棋游戏的 AI。

注意　本节假定读者已熟悉了井字棋游戏及其标准规则。如果没有的话，只要在互联网上搜索一下，应该就能很快明白。

8.2.1　井字棋的状态管理

先来开发一些数据结构，以便能跟随井字棋游戏的进度记录其状态。

首先，我们需要一种方法来表示井字棋盘上的每个方格。这里将采用名为 TTTPiece 的枚举类，它是 Piece 的子类。井字棋的棋子可以是 X、O 或空（在枚举中用 E 表示）。具体代码如代码清单 8-2 所示。

代码清单 8-2　tictactoe.py

```
from __future__ import annotations
from typing import List
from enum import Enum
from board import Piece, Board, Move

class TTTPiece(Piece, Enum):
```

```
    X = "X"
    O = "O"
    E = " " # stand-in for empty

    @property
    def opposite(self) -> TTTPiece:
        if self == TTTPiece.X:
            return TTTPiece.O
        elif self == TTTPiece.O:
            return TTTPiece.X
        else:
            return TTTPiece.E

def __str__(self) -> str:
    return self.value
```

TTTPiece 类带有 opposite 属性，并返回一个新的 TTTPiece。当走完一步井字棋之后，就要从一个玩家的回合翻转到另一个玩家的回合，这时上述设置就比较有用了。每步棋只需要用一个整数来表示，该整数对应于棋盘上可放置棋子的方格。回想一下，在 board.py 中已将 Move 定义为整数了。

0	1	2
3	4	5
6	7	8

图 8-1　与井字棋盘方格对应的一维列表索引

井字棋盘由 3 行 3 列组成，共有 9 个位置。为简单起见，这 9 个位置可以用一维列表来表示。每个方格的数字表示方案（数组中的索引）可以随意设计，这里将遵照图 8-1 中所示的方案。

棋盘状态将主要保存在 TTTBoard 类中。TTTBoard 将跟踪记录两种不同的状态：位置（由前面提到过的一维列表来表示）和轮到的玩家。具体代码如代码清单 8-3 所示。

代码清单 8-3　tictactoe.py（续）

```
class TTTBoard(Board):
    def __init__(self, position: List[TTTPiece] = [TTTPiece.E] * 9, turn: TTTPiece =
     TTTPiece.X) -> None:
        self.position: List[TTTPiece] = position
        self._turn: TTTPiece = turn

    @property
    def turn(self) -> Piece:
        return self._turn
```

默认棋盘是尚未下过的空棋盘。Board 的构造函数带有默认参数，将棋局初始化为空，并且是 X 先走（井字棋的开局玩家通常为 X）。大家或许想知道，为什么既有_turn 实例变量，又有 turn 属性。这是一种技巧，用以确保所有 Board 的子类都能记录当前轮到哪个玩家了。

在 Python 中，没有明确的方式能在抽象基类中指定子类必须包含某个实例变量，但属性有这种机制。

TTTBoard 是一种非正式的不可变数据结构，请勿对 TTTBoard 变量做出修改。每次要走一步棋时，都会生成一个包含每一步的位置变动过的新 TTTBoard。在本搜索算法中，这种做法将很有用处，因为在搜索分支时，我们就不会无意间对仍处于分析可能走法的棋局做出改动。具体代码如代码清单 8-4 所示。

代码清单 8-4 tictactoe.py（续）

```
def move(self, location: Move) -> Board:
    temp_position: List[TTTPiece] = self.position.copy()
    temp_position[location] = self._turn
    return TTTBoard(temp_position, self._turn.opposite)
```

在井字棋游戏中，空的方格都是可落子的。代码清单 8-5 中的 legal_moves 属性将用列表推导式为给定棋局生成可能的走法。

代码清单 8-5 tictactoe.py（续）

```
@property
def legal_moves(self) -> List[Move]:
    return [Move(l) for l in range(len(self.position)) if self.position[l] == TTTPiece.E]
```

列表推导式的操作对象是位置列表中的 int 索引。为方便起见（也是有意如此），Move 也被定义为 int 类型，这才使得 legal_moves 的定义能够如此简洁。

为了判断玩家是否赢了游戏，需要扫描井字棋盘的行、列和对角线，扫描的方案有很多种。代码清单 8-6 中的 is_win 属性的实现代码采用了硬编码方式，看起来就是不停地组合运用了 and、or 和==操作。这算不上是最漂亮的代码，但能直白地完成任务。

代码清单 8-6 tictactoe.py（续）

```
@property
def is_win(self) -> bool:
    # three row, three column, and then two diagonal checks
    return self.position[0] == self.position[1] and self.position[0] == self.position[2]
      and self.position[0] != TTTPiece.E or \
    self.position[3] == self.position[4] and self.position[3] == self.position[5]
      and self.position[3] != TTTPiece.E or \
    self.position[6] == self.position[7] and self.position[6] == self.position[8]
      and self.position[6] != TTTPiece.E or \
    self.position[0] == self.position[3] and self.position[0] == self.position[6]
      and self.position[0] != TTTPiece.E or \
```

```
        self.position[1] == self.position[4] and self.position[1] == self.position[7]
          and self.position[1] != TTTPiece.E or \
        self.position[2] == self.position[5] and self.position[2] == self.position[8]
          and self.position[2] != TTTPiece.E or \
        self.position[0] == self.position[4] and self.position[0] == self.position[8]
          and self.position[0] != TTTPiece.E or \
        self.position[2] == self.position[4] and self.position[2] == self.position[6]
          and self.position[2] != TTTPiece.E
```

如果所有行、列或对角线上的方格都不为空，并且包含相同的棋子，就赢了。

如果没赢也没有地方可落子了，那么这就是平局，抽象基类 Board 已包含平局的属性。最后，我们还需要有评估棋局和将棋盘美观打印出来的方法。具体代码如代码清单 8-7 所示。

代码清单 8-7 tictactoe.py（续）

```
    def evaluate(self, player: Piece) -> float:
        if self.is_win and self.turn == player:
            return -1
        elif self.is_win and self.turn != player:
            return 1
        else:
            return 0

    def __repr__(self) -> str:
        return f"""{self.position[0]}|{self.position[1]}|{self.position[2]}
-----
{self.position[3]}|{self.position[4]}|{self.position[5]}
-----
{self.position[6]}|{self.position[7]}|{self.position[8]}"""
```

要想根据已走的棋步一直搜索到游戏结束来确定输赢，这是难以实现的，因此对大多数游戏而言，对某个棋局的评分结果应该是一个近似值。但是井字棋的搜索空间很小，足以从任何棋局开始搜索到结束。因此，evaluate()方法可以简单地返回一个数字，赢则返回一个最大的数，平局则返回小一点的数，输则返回再小一点的数。

8.2.2 极小化极大算法

若要在双人、零和、全信息的对弈游戏（如井字棋、跳棋或国际象棋）中找到最佳走法，极小化极大策略是一种经典算法。它已经对其他类型的游戏进行了扩展和修改。极小化极大算法通常采用递归函数来实现，这时两个玩家要么是极大化玩家，要么是极小化玩家。

极大化玩家的目标是找到能获得最大收益的走法。但是，极大化玩家必须考虑极小化玩家的走法。在每次试图求出极大化玩家的最大收益后，递归地调用 minimax()以求得对手的回手，也就是让极大化玩家的收益最小化的走法。这个过程一直来回进行（求最大值、求最小值、求最大值等），直到达到递归函数的基线条件。基线条件为终局（赢或平局）或达到最大搜索深度。

调用 minimax()将返回极大化玩家的起始位置的评分。就 TTTBoard 类的 evaluate()方法而言，如果双方的最佳走法将导致极大化玩家获胜，则返回 1 分。如果最佳走法将导致极大化玩家输棋，则返回−1 分。如果最佳走法将导致平局，则返回 0 分。

这个分数将会在达到基线条件时返回。然后，再沿着达到基线条件的各层递归调用逐级向上返回。对于每次求最大值的递归调用，向上返回的是下一步走法的最佳评分。对于每次求最小值的递归调用，向上返回的是下一步走法的最差评分。这样，决策树就建立起来了。图 8-2 呈现了这样一棵决策树，有助于厘清还剩最后两步的一局棋向上返回评分的过程。

对于搜索空间太深而无法抵达终局的游戏（例如跳棋和国际象棋），minimax()会在到达一定深度后停止。要搜索的棋步数深度有时被称为“层”（ply）。然后启动评分函数，采用启发法对棋局进行评分。游戏对初始玩家越有利，得分就越高。我们在介绍四子棋时将会再回来讨论这个概念，四子棋的搜索空间比井字棋的搜索空间大多了。

代码清单 8-8 中给出的就是 minimax()的全部内容。

代码清单 8-8 minimax.py

```python
from __future__ import annotations
from board import Piece, Board, Move

# Find the best possible outcome for original player
def minimax(board: Board, maximizing: bool, original_player: Piece, max_depth: int = 8)
    -> float:
    # Base case - terminal position or maximum depth reached
    if board.is_win or board.is_draw or max_depth == 0:
        return board.evaluate(original_player)

    # Recursive case - maximize your gains or minimize the opponent's gains
    if maximizing:
        best_eval: float = float("-inf") # arbitrarily low starting point
        for move in board.legal_moves:
            result: float = minimax(board.move(move), False, original_player, max_depth - 1)
            best_eval = max(result, best_eval)
        return best_eval
    else: # minimizing
        worst_eval: float = float("inf")
```

```
        for move in board.legal_moves:
            result = minimax(board.move(move), True, original_player, max_depth - 1)
            worst_eval = min(result, worst_eval)
        return worst_eval
```

在每次递归调用过程中，无论当前是极大化玩家还是极小化玩家，或者是对 original_player 的棋局进行评分，都需要跟踪记录棋局。minimax() 的前几行代码负责处理基线条件：末端节点（赢、输或平局）或到达的最大深度。minimax() 函数的其余部分是对递归情况的处理。

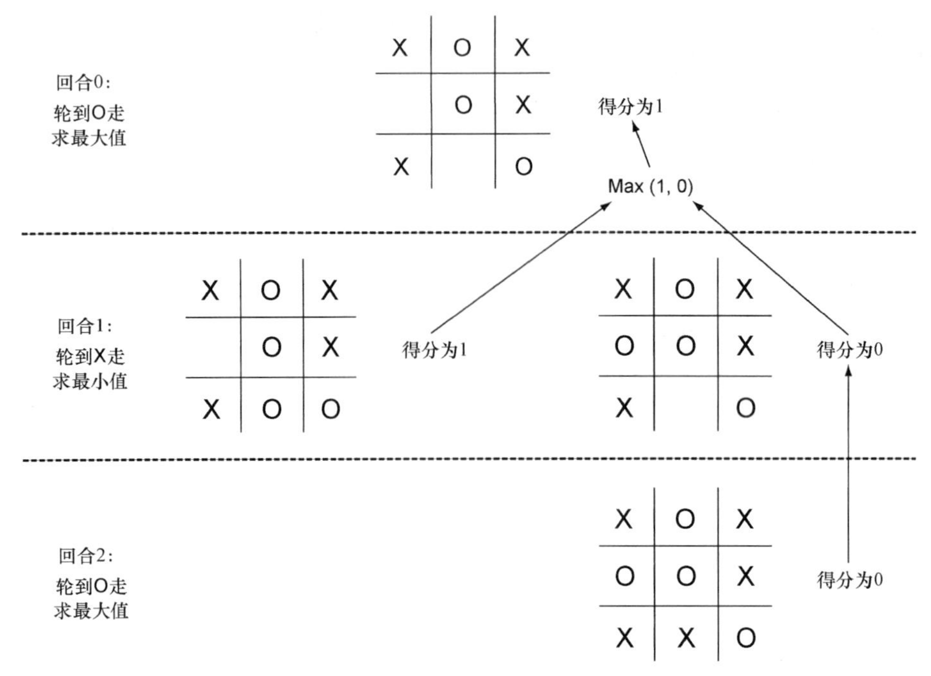

图 8-2 一局井字棋的极小化极大决策树，该棋局还剩最后两步棋。为了让获胜的可能性最大化，初始玩家 O 将选择在底部中心位置落子。箭头指明做出决策的位置

其中一种递归情况是求最大值，这时需要查找能够生成最高评分的走法。另一种递归情况是求最小值，这时查找的是导致最低评分的走法。这两种情况交替进行，直至抵达终局状态或最大深度（基线条件）。

不幸的是，只是原封不动地用 minimax() 无法找出给定棋局的最佳走法。它只能返回一个分值（一个 float 类型值），而无法给出生成该评分的最佳的第一步该怎么下。

于是我们要创建一个辅助函数 find_best_move() 来为某棋局中每一步合法的走法循环调用 minimax()，以便找出评分最高的走法。我们可以将 find_best_move() 视作对

minimax()的第一次求最大值调用，只是带上了初始的棋步而已。具体代码如代码清单 8-9 所示。

代码清单 8-9 minimax.py（续）

```
# Find the best possible move in the current position
# looking up to max_depth ahead
def find_best_move(board: Board, max_depth: int = 8) -> Move:
    best_eval: float = float("-inf")
    best_move: Move = Move(-1)
    for move in board.legal_moves:
        result: float = minimax(board.move(move), False, board.turn, max_depth)
        if result > best_eval:
            best_eval = result
            best_move = move
    return best_move
```

现在万事俱备，我们可以开始搜索任何井字棋局的最佳走法了。

8.2.3 用井字棋测试极小化极大算法

井字棋游戏十分简单，因此人类能够轻松找出对于给定棋局的绝对正确的走法。这样单元测试就很容易开发了。在代码清单 8-10 所示的代码段中，本章的极小化极大算法将迎接挑战，为 3 种不同的井字棋局查找下一步的正确走法。第一个棋局很容易，只需要考虑下一步如何赢棋。第二个棋局需要挡一手（block），而且 AI 必须阻止对手获胜。最后一个棋局的挑战性稍强一点，需要 AI 思考后面的两步棋。

代码清单 8-10 tictactoe_tests.py

```
import unittest
from typing import List
from minimax import find_best_move
from tictactoe import TTTPiece, TTTBoard
from board import Move

class TTTMinimaxTestCase(unittest.TestCase):
    def test_easy_position(self):
        # win in 1 move
        to_win_easy_position: List[TTTPiece] = [TTTPiece.X, TTTPiece.O, TTTPiece.
          X, TTTPiece.X, TTTPiece.E, TTTPiece.O, TTTPiece.E, TTTPiece.E, TTTPiece.O]
        test_board1: TTTBoard = TTTBoard(to_win_easy_position, TTTPiece.X)
        answer1: Move = find_best_move(test_board1)
```

```
        self.assertEqual(answer1, 6)

    def test_block_position(self):
        # must block O's win
        to_block_position: List[TTTPiece] = [TTTPiece.X, TTTPiece.E, TTTPiece.E,
          TTTPiece.E, TTTPiece.E, TTTPiece.O, TTTPiece.E, TTTPiece.X, TTTPiece.O]
        test_board2: TTTBoard = TTTBoard(to_block_position, TTTPiece.X)
        answer2: Move = find_best_move(test_board2)
        self.assertEqual(answer2, 2)

    def test_hard_position(self):
        # find the best move to win 2 moves
        to_win_hard_position: List[TTTPiece] = [TTTPiece.X, TTTPiece.E, TTTPiece.E,
          TTTPiece.E, TTTPiece.E, TTTPiece.O, TTTPiece.O, TTTPiece.X, TTTPiece.E]
        test_board3: TTTBoard = TTTBoard(to_win_hard_position, TTTPiece.X)
        answer3: Move = find_best_move(test_board3)
        self.assertEqual(answer3, 1)

if __name__ == '__main__':
    unittest.main()
```

运行 tictactoe_tests.py 的时候，3 个测试过程都应该都能顺利通过。

提示 实现极小化极大算法并没有用太多的代码，而且该算法不但可以用于井字游戏，而且可以用于很多其他游戏。如果你想要为其他游戏实现极小化极大算法，那么走向成功的重要一点就是，创建与极小化极大算法设计方案相适应的数据结构，类似于 Board 类。学习极小化极大算法存在一个常见错误，即采用可修改的数据结构，这种数据结构在极小化极大算法的递归调用过程中会被改动，因此无法回到原始状态进行再次调用。

8.2.4 开发井字棋 AI

现在所有组件都已就绪，接下来就简单了，就可以开发一个完整的能够走完一局井字棋的人工棋手了。AI 不再是对测试棋局进行评分，而是要对两个棋手下棋形成的棋局进行评分。在代码清单 8-11 所示的代码段中，井字棋 AI 将会与执先手的人类棋手进行对战。

代码清单 8-11 tictactoe_ai.py

```
from minimax import find_best_move
from tictactoe import TTTBoard
from board import Move, Board

board: Board = TTTBoard()
```

```
def get_player_move() -> Move:
    player_move: Move = Move(-1)
    while player_move not in board.legal_moves:
        play: int = int(input("Enter a legal square (0-8):"))
        player_move = Move(play)
    return player_move

if __name__ == "__main__":
    # main game loop
    while True:
        human_move: Move = get_player_move()
        board = board.move(human_move)
        if board.is_win:
            print("Human wins!")
            break
        elif board.is_draw:
            print("Draw!")
            break
        computer_move: Move = find_best_move(board)
        print(f"Computer move is {computer_move}")
        board = board.move(computer_move)
        print(board)
        if board.is_win:
            print("Computer wins!")
            break
        elif board.is_draw:
            print("Draw!")
            break
```

因为 find_best_move()中的 max_depth 默认为 8，所以这个井字棋 AI 一定能分析完游戏终局。井字棋最多只能走 9 步，而此 AI 是后手。因此，它应该能完美下完每一局。完美的游戏是指两个棋手在每个回合中都能走出最佳的走法。完美的井字棋结果就是平局。有鉴于此，井字棋 AI 应该是不可战胜的。如果人类竭尽全力，最多也就是平局。如果人类走错一步，AI 就会赢棋。请尝试一下吧。AI 应该不会输棋。

8.3　四子棋

在四子棋游戏中[①]，两名玩家在 7 列 6 行的垂直棋盘网格中交替落下各自不同颜色的棋子。

① Connect Four 是 Hasbro 公司的注册商标。本书仅用于描述问题。

棋子从棋盘网格顶部往底部下落，直至碰到底部或其他棋子。其实玩家在每个回合中唯一要做的决策就是把棋子落入 7 列中的哪一列。玩家可能不会把棋子落入全满的列。只要首先有 4 个同色棋子沿着行、列或对角线紧密相连，中间没有断开，则其玩家就获胜。如果没有玩家能做到这一点，且棋盘网格被完全填满，那么游戏结果就是平局。

8.3.1 四子棋游戏程序

四子棋游戏在很多方面都类似于井字棋。这两种游戏都在棋盘网格上进行，都需要玩家把棋子排成一排来赢棋。但由于四子棋的棋盘网格比较大，赢棋的情形有很多，因此棋局的评分过程要复杂很多。

代码清单 8-12 中的代码有一些貌似很熟悉，但数据结构和评分方法与井字棋完全不同。这两段游戏代码都实现为本章开头介绍的基类 `Piece` 和 `Board` 的子类，使得 `minimax()` 可被这两段游戏代码共享。

代码清单 8-12 connectfour.py

```
from __future__ import annotations
from typing import List, Optional, Tuple
from enum import Enum
from board import Piece, Board, Move

class C4Piece(Piece, Enum):
    B = "B"
    R = "R"
    E = " " # stand-in for empty

    @property
    def opposite(self) -> C4Piece:
        if self == C4Piece.B:
            return C4Piece.R
        elif self == C4Piece.R:
            return C4Piece.B
        else:
            return C4Piece.E

    def __str__(self) -> str:
        return self.value
```

`C4Piece` 类几乎与 `TTTPiece` 类完全相同。

接下来是一个函数，用于在指定大小的四子棋棋盘网格中生成可能赢棋的所有网格区段（segment）。具体代码如代码清单 8-13 所示。

代码清单 8-13 connectfour.py（续）

```
def generate_segments(num_columns: int, num_rows: int, segment_length: int) ->
  List[List[Tuple[int, int]]]:
    segments: List[List[Tuple[int, int]]] = []
    # generate the vertical segments
    for c in range(num_columns):
        for r in range(num_rows - segment_length + 1):
            segment: List[Tuple[int, int]] = []
            for t in range(segment_length):
                segment.append((c, r + t))
            segments.append(segment)

    # generate the horizontal segments
    for c in range(num_columns - segment_length + 1):
        for r in range(num_rows):
            segment = []
            for t in range(segment_length):
                segment.append((c + t, r))
            segments.append(segment)

    # generate the bottom left to top right diagonal segments
    for c in range(num_columns - segment_length + 1):
        for r in range(num_rows - segment_length + 1):
            segment = []
            for t in range(segment_length):
                segment.append((c + t, r + t))
            segments.append(segment)

    # generate the top left to bottom right diagonal segments
    for c in range(num_columns - segment_length + 1):
        for r in range(segment_length - 1, num_rows):
            segment = []
            for t in range(segment_length):
                segment.append((c + t, r - t))
            segments.append(segment)
    return segments
```

上述函数将会返回一个列表的列表，表示棋盘网格中的方位（由列/行组成的元组）。每个子列表包含 4 个网格方位。这 4 个网格方位组成的列表被称为一个区段。只要棋盘上有任何区段具有相同的颜色，那么这种颜色的玩家就赢了。

无论是为了检查游戏是否结束（有人赢了），还是为了对棋局进行评分，能够对棋盘中所有区段进行快速搜索都将很有意义。

因此在代码清单 8-14 所示的代码段中，我们将会缓存给定大小棋盘中的所有区段，存放在 C4Board 类中名为 SEGMENTS 的类变量中。

代码清单 8-14 connectfour.py（续）

```
class C4Board(Board):
    NUM_ROWS: int = 6
    NUM_COLUMNS: int = 7
    SEGMENT_LENGTH: int = 4
    SEGMENTS: List[List[Tuple[int, int]]] = generate_segments(NUM_COLUMNS, NUM_ROWS,
      SEGMENT_LENGTH)
```

C4Board 类中有一个名为 Column 的内部类。这个类并非绝对必要，因为我们可以像井字棋程序那样用一维列表表示棋盘网格，或者用二维列表也行。与这两种方案相比，用 Column 类可能会略微降低一些性能。但是将四子棋棋盘视为 7 列的组合，在概念上很给力，能够让 C4Board 类的其余部分更加容易编写。具体代码如代码清单 8-15 所示。

代码清单 8-15 connectfour.py（续）

```
    class Column:
        def __init__(self) -> None:
            self._container: List[C4Piece] = []

        @property
        def full(self) -> bool:
            return len(self._container) == C4Board.NUM_ROWS

        def push(self, item: C4Piece) -> None:
            if self.full:
                raise OverflowError("Trying to push piece to full column")
            self._container.append(item)

        def __getitem__(self, index: int) -> C4Piece:
            if index > len(self._container) - 1:
                return C4Piece.E
```

```
        return self._container[index]

    def __repr__(self) -> str:
        return repr(self._container)

    def copy(self) -> C4Board.Column:
        temp: C4Board.Column = C4Board.Column()
        temp._container = self._container.copy()
        return temp
```

Column 类与之前章节中用到的 Stack 类非常相像。这是有道理的，因为从概念上讲，四子棋的列在游戏过程中就是一个能够压入但从不弹出的栈。但与之前的栈不同，四子棋中的列有一个绝对的限制，即数据项不会超过 6 个。特殊方法__getitem__()也挺有意思，它允许 Column 实例用索引做下标引用。这样 Column 的列表就可以被视为二维列表。请注意，如果底层的_container 在某些行不包含数据项，__getitem__()仍会返回一个空棋子。

接下来的 4 个方法与井字棋游戏程序中的对应方法类似。具体代码如代码清单 8-16 所示。

代码清单 8-16 connectfour.py（续）

```
def __init__(self, position: Optional[List[C4Board.Column]] = None, turn: C4Piece =
  C4Piece.B) -> None:
    if position is None:
        self.position: List[C4Board.Column] = [C4Board.Column() for _ in range
         (C4Board.NUM_COLUMNS)]
    else:
        self.position = position
    self._turn: C4Piece = turn

@property
def turn(self) -> Piece:
    return self._turn

def move(self, location: Move) -> Board:
    temp_position: List[C4Board.Column] = self.position.copy()
    for c in range(C4Board.NUM_COLUMNS):
        temp_position[c] = self.position[c].copy()
    temp_position[location].push(self._turn)
    return C4Board(temp_position, self._turn.opposite)

@property
```

```
    def legal_moves(self) -> List[Move]:
        return [Move(c) for c in range(C4Board.NUM_COLUMNS) if not self.position[c].full]
```

助手方法_count_segment()将返回指定区段中黑色和红色棋子的数量。接下来是检查输赢的方法 is_win()，它查看棋盘中的所有区段来确定是否有人赢，方法是用_count_segment()确定是否有区段包含 4 个同色棋子。具体代码如代码清单 8-17 所示。

代码清单 8-17 connectfour.py（续）

```
    # Returns the count of black and red pieces in a segment
    def _count_segment(self, segment: List[Tuple[int, int]]) -> Tuple[int, int]:
        black_count: int = 0
        red_count: int = 0
        for column, row in segment:
            if self.position[column][row] == C4Piece.B:
                black_count += 1
            elif self.position[column][row] == C4Piece.R:
                red_count += 1
        return black_count, red_count

    @property
    def is_win(self) -> bool:
        for segment in C4Board.SEGMENTS:
            black_count, red_count = self._count_segment(segment)
            if black_count == 4 or red_count == 4:
                return True
        return False
```

与 TTTBoard 一样，C4Board 可以不加改动地使用抽象基类 Board 的 is_draw 属性。

最后，为了对整个棋局进行评分，我们将会对其全部区段进行逐一评分，返回评分的累加结果。同时包含红色和黑色棋子的区段将不得分。包含两个同色棋子和两个空棋子的区段将被视为得 1 分。包含 3 个同色棋子得分为 100。最后，包含 4 个同色棋子（有人赢棋）的区段得分为 1 000 000。如果该区段属于对手，则得分为负数。_evaluate_segment()是一个助手方法，用上述公式对某个区段进行评分。所有经过_evaluate_segment()评分的区段，其总分由 evaluate()生成。具体代码如代码清单 8-18 所示。

代码清单 8-18 connectfour.py（续）

```
    def _evaluate_segment(self, segment: List[Tuple[int, int]], player: Piece) -> float:
        black_count, red_count = self._count_segment(segment)
        if red_count > 0 and black_count > 0:
```

```
            return 0 # mixed segments are neutral
        count: int = max(red_count, black_count)
        score: float = 0
        if count == 2:
            score = 1
        elif count == 3:
            score = 100
        elif count == 4:
            score = 1000000
        color: C4Piece = C4Piece.B
        if red_count > black_count:
            color = C4Piece.R
        if color != player:
            return -score
        return score

    def evaluate(self, player: Piece) -> float:
        total: float = 0
        for segment in C4Board.SEGMENTS:
            total += self._evaluate_segment(segment, player)
        return total

    def __repr__(self) -> str:
        display: str = ""
        for r in reversed(range(C4Board.NUM_ROWS)):
            display += "|"
            for c in range(C4Board.NUM_COLUMNS):
                display += f"{self.position[c][r]}" + "|"
            display += "\n"
        return display
```

8.3.2 四子棋 AI

我们为井字棋开发的 minimax() 和 find_best_move() 函数，可以不加修改地直接供四子棋实现代码使用，这很神奇吧。代码清单 8-19 所示的代码段与井字棋 AI 代码只有一点点不同。最大的区别就是，现在 max_depth 设成了 3。这能把计算机每一步的思考时间控制在合理范围内。换句话说，这里的四子棋 AI 最多只能看到后 3 步的（评分）棋局。

代码清单 8-19 connectfour_ai.py

```
from minimax import find_best_move
from connectfour import C4Board
```

```
from board import Move, Board


board: Board = C4Board()


def get_player_move() -> Move:
    player_move: Move = Move(-1)
    while player_move not in board.legal_moves:
        play: int = int(input("Enter a legal column (0-6):"))
        player_move = Move(play)
    return player_move


if __name__ == "__main__":
    # main game loop
    while True:
        human_move: Move = get_player_move()
        board = board.move(human_move)
        if board.is_win:
            print("Human wins!")
            break
        elif board.is_draw:
            print("Draw!")
            break
        computer_move: Move = find_best_move(board, 3)
        print(f"Computer move is {computer_move}")
        board = board.move(computer_move)
        print(board)
        if board.is_win:
            print("Computer wins!")
            break
        elif board.is_draw:
            print("Draw!")
            break
```

请试着运行一下上述四子棋AI程序。与井字棋AI不同，它对于每一步的生成都需要耗费几秒的时间。除非你仔细思考每一步棋，否则它仍有可能会获胜。至少它不会犯任何明显的错误。通过增加搜索的深度，我们可以提升它的游戏水平，但计算机每走一步的计算时间将呈指数级增长。

提示 你知道四子棋游戏已经被计算机科学家“解决”了吗？游戏的“解决”意味着我们对任何棋局下的最佳走法都已弄清楚了。最佳的四子棋开局走法是把棋子放在中间列。

8.3.3 用 α-β 剪枝算法优化极小化极大算法

极小化极大算法的效果很好，但目前还没法实现很深的搜索。极小化极大算法有一个小扩展算法，被称为 α-β 剪枝（alpha-beta pruning）算法，在搜索时能将不会生成更优结果的棋局排除，由此来增加搜索的深度。只要跟踪记录递归调用 `minimax()` 间的两个值 α 和 β，即可实现神奇的优化效果。α 表示搜索树当前找到的最优极大化走法的评分，而 β 则表示当前找到的对手的最优极小化走法的评分。如果 β 小于或等于 α，则不值得对该搜索分支做进一步搜索，因为已经发现的走法比继续沿着该分支搜索得到的走法都要好或相当。这种启发式算法能显著缩小搜索空间。

代码清单 8-20 给出的就是刚刚介绍的 `alphabeta()`。应该将其放入现有的 minimax.py 文件中。

代码清单 8-20 minimax.py（续）

```
def alphabeta(board: Board, maximizing: bool, original_player: Piece, max_depth:
     int = 8, alpha: float = float("-inf"), beta: float = float("inf")) -> float:
    # Base case - terminal position or maximum depth reached
    if board.is_win or board.is_draw or max_depth == 0:
        return board.evaluate(original_player)

    # Recursive case - maximize your gains or minimize the opponent's gains
    if maximizing:
        for move in board.legal_moves:
            result: float = alphabeta(board.move(move), False, original_player, max_
             depth - 1, alpha, beta)
            alpha = max(result, alpha)
            if beta <= alpha:
                break
        return alpha
    else:  # minimizing
        for move in board.legal_moves:
            result = alphabeta(board.move(move), True, original_player, max_depth - 1,
             alpha, beta)
            beta = min(result, beta)
           if beta <= alpha:
```

```
                break
        return beta
```

现在可以做两处很小的改动，以便让上述新函数发挥作用。让 minimax.py 中的 `find_best_move()`不再调用 `minimax()`，而是改为调用 `alphabeta()`，并将 connectfour_ai.py 中的搜索深度由 `3` 改为 `5`。有了这些改动，普通的四子棋玩家将无法击败本章的 AI 了。在我的计算机上，`minimax()`的搜索深度为 5，四子棋 AI 每步大约耗时 3 分钟，而相同深度条件下用 `alphabeta()`每步大约耗时 30 秒，只需要六分之一的时间！这种剪枝优化的效果简直令人难以置信。

8.4 超越 α-β 剪枝效果的极小化极大算法改进方案

本章对算法的研究已经非常深入了，多年来已经发现了很多优化技术。其中一些优化技术是特定于某种游戏的，例如，用于国际象棋的“位棋盘”（bitboard）减少了合法棋步的生成时间，但大多数都是适用于任何游戏的通用技术。

有一种常见的优化技术就是迭代加深（iterative deepening）。在迭代加深技术中，搜索函数将先以最大深度 1 运行，然后以最大深度 2 运行，再以最大深度 3 运行，依次类推。达到指定时限时，搜索停止。最后一次完成的搜索深度的结果将会被返回。

在本章的示例中，搜索深度是被硬编码的。如果游戏没有时钟和时间限制，或者我们不关心计算机的思考时长，这当然没有问题。迭代加深技术使得 AI 能够耗费固定时长来找到下一步走法，而不是固定的搜索深度以及不定的完成时长。

还有一种可能的优化技术是静态搜索（quiescence search）。在静态搜索技术中，极小化极大搜索树将朝着会让棋局发生巨大变化的路线（如国际象棋中的吃子）行进，而不是朝着相对“平静”的棋局发展。理想情况下，采用这种方案搜索不会将计算时间浪费在无聊的棋局上，也就是那些不会让玩家获得明显优势的棋局。

极小化极大搜索的最佳优化方案不外乎两种，一种是在规定的时间内搜索更深的深度，另一种就是改进棋局评分函数。要在相同时间内搜索更多的棋局，就需要减少在每个棋局上耗费的时间，这可以通过提高代码效率或采用运行速度更快的硬件而获得，但也可能会通过后一种改进技术（改进棋局评分函数）而获得。采用更多的参数或启发式算法来对棋局进行评分可能会耗费更多的时间，但最终能够获得更优质的引擎，即用更少的搜索深度找到最优走法。

在用于国际象棋游戏的带 α-β 剪枝（alpha-beta pruning）的极小化极大搜索算法中，有一些评分函数具有数十种启发式算法，甚至会用到遗传算法对这些启发式算法进行调优。国际象棋游戏中马的吃子应该评分多少？与象的得分一样吗？要区分一个国际象棋引擎是合格还是优秀，这些启发式算法就是秘密武器。

8.5 现实世界的应用

极小化极大算法外加 α-β 剪枝之类的扩展，是大多数现代国际象棋引擎的基础。这已被广泛应用于各种策略游戏中并取得了巨大的成功。事实上，计算机上的大多数棋盘游戏类人工棋手可能都用到了某种形式的极小化极大算法。

极小化极大算法（带有 α-β 剪枝之类的扩展）在国际象棋中如此有效以致导致了著名的 1997 年发生的“深蓝”（Deep Blue）事件，由 IBM 公司制造的国际象棋计算机选手“深蓝”击败人类国际象棋世界冠军加里・卡斯帕罗夫（Gary Kasparov）。这场比赛是备受期待和改变游戏规则的事件。国际象棋曾被视为最顶尖的智能领域。计算机在国际象棋中超越了人类的能力，这个事实意味着人工智能在某种程度上应该被认真对待。

20 多年后的今天，绝大多数国际象棋引擎仍然基于极小化极大算法。今天，基于极小化极大算法的国际象棋引擎的实力已远超世界上最好的人类国际象棋选手。新的机器学习技术正在开始挑战纯粹基于极小化极大算法（带扩展）的国际象棋引擎，但还没有明确的证据表明机器学习技术在国际象棋中的优势。

游戏的支化因子（branching factor）越高，极小化极大算法的效果就会越差。支化因子是指游戏的一个棋局中可能走法数量的平均值。正因为如此，围棋中的计算机棋手最近取得的一些进步有赖于机器学习之类的其他领域的研究。现在，基于机器学习的围棋 AI 已经击败了最好的人类围棋棋手。围棋的支化因子（也就是搜索空间）对于极小化极大算法来说简直太庞大了，因为这种算法需要尝试生成包含未来棋局的决策树。但围棋只是一个例外，而不是一定之规。大多数传统棋盘游戏（如跳棋、国际象棋、四子棋、拼字游戏等）的搜索空间都比较小，基于极小化极大算法的技术可足以应对了。

若要新实现一个棋盘游戏人工棋手，甚至是回合制的纯计算机游戏 AI，极小化极大算法可能是你首先应该接触的算法。极小化极大算法还可用于经济和政治领域的模拟，以及博弈论实验。α-β 剪枝应该能适用于任何形式的极小化极大算法。

8.6 习题

1. 为井字棋程序添加单元测试，确保属性 `legal_moves`、`is_win` 和 `is_draw` 能正常工作。
2. 为四子棋程序的极小化极大算法创建单元测试。
3. tictactoe_ai.py 和 connectfour_ai.py 的代码几乎完全相同。将其重构为对两种游戏都适用的两个方法。
4. 修改 connectfour_ai.py 的代码，让计算机能与自己捉对厮杀。第一个玩家获胜还是第二个玩家获胜？每次都是同一个玩家获胜吗？

5. 你能为 connectfour.py 中的评分函数找到一种优化方案（利用现有代码或其他方式），使其在相同时间内能够达到更大的搜索深度吗？
6. 利用本章开发的 `alphabeta()` 函数以及能够生成合法棋步及维护棋盘状态的 Python 库，开发一个国际象棋 AI。

第 9 章　其他问题

本书已经介绍了很多解决问题的技术，这些技术都是关于现代软件开发任务的。为了研究每一种技术，我们已经探讨了多个著名的计算机科学问题。但并非每个著名问题都符合前几章的模型。本章将集中介绍那些不适合归入其他章节的著名问题。不妨把这些问题视为意外收获：多了很多有趣的问题，所需的代码却不多。

9.1　背包问题

背包问题（knapsack problem）其实是一种常见的计算需求，给定一组有限的可选项，找出有限资源的最优用法，再把它编成一个有趣的故事。小偷进入一户人家要偷点儿东西。他有一个背包，背包的容纳能力限制了他能偷的物品。他怎样算出该把哪些物品放进背包呢？背包问题如图 9-1 所示。

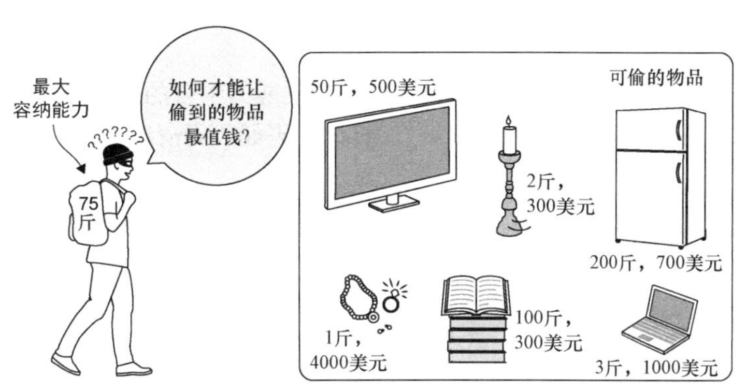

图 9-1　小偷必须得决定要偷哪些物品，因为背包的容纳能力有限

如果可以拿走任意数量的任意物品，那么小偷只需要简单地将每件物品的价值除以重量，就

能求出可用容纳能力下价值最高的物品。但为了让场景更加真实，这里规定小偷不能拿走半件物品（如 2.5 台电视机）。于是我们有了求解小偷问题的 0/1 变体，因为多了一条必须执行的规则：小偷要么拿走整件物品，要么不拿。

首先，我们定义一个 NamedTuple 类型的类用于存放物品，具体代码如代码清单 9-1 所示。

代码清单 9-1 knapsack.py

```
from typing import NamedTuple, List

class Item(NamedTuple):
    name: str
    weight: int
    value: float
```

如果想用蛮力法求解，我们就要查看可放入背包物品的每种组合。在数学上这被称为幂集，某集合（本示例中为物品的集合）的幂集可能有 2^N 种不同的子集，其中 N 是数据项的数量。因此，蛮力法需要分析 2^N 种组合，即复杂度为 $O(2^N)$。如果数据项不多，那么这是可行的，但数据量很多时就难以维持了。任何步数为指数级的解法都是应该避免的。

这里将换用一种名为*动态规划*（dynamic programming）的技术，其在概念上类似于第 1 章中的结果缓存（memoization）。动态规划法不是用蛮力法一次性把问题全部解决，而是先解决构成大问题的子问题并保存结果，再利用这些缓存的结果来解决更大的问题。只要把背包的容纳能力计算方案看成离散的多个步骤，就可以用动态规划来解决背包问题。

例如，为了解决 3 斤容纳能力 3 件物品的背包问题，我们可以首先解决 1 斤容纳能力 1 件物品、2 斤容纳能力 1 件物品、3 斤容纳能力 1 件物品的问题。然后可以用求得的结果解决 1 斤容纳能力 2 件物品、2 斤容纳能力 2 件物品、3 斤容纳能力 2 件物品的问题。最后，我们可以解决全部 3 件物品的问题。

整个求解过程就是填表操作，给出每种物品和容纳能力组合的最优解。对于这里的函数，我们先要进行填表操作，然后根据表格得出解①。具体代码如代码清单 9-2 所示。

代码清单 9-2 knapsack.py（续）

```
def knapsack(items: List[Item], max_capacity: int) -> List[Item]:
    # build up dynamic programming table
```

① 为了编写此解决方案，我研究了好几份资料，其中最权威的是 Robert Sedgewick 的《算法（第 2 版）》（第 596 页）。我查阅过 Rosetta Code 网站上求解 0/1 背包问题的几个示例，特别是其中的 Python 动态规划解决方案，本函数在很大程度上移自那里，而那也是来自本书的 Swift 版。它从 Python 到 Swift，然后又回到 Python。

```
    table: List[List[float]] = [[0.0 for _ in range(max_capacity + 1)] for _ in
     range(len(items) + 1)]
    for i, item in enumerate(items):
        for capacity in range(1, max_capacity + 1):
            previous_items_value: float = table[i][capacity]
            if capacity >= item.weight: # item fits in knapsack
                value_freeing_weight_for_item: float = table[i][capacity - item.weight]
                # only take if more valuable than previous item
                table[i + 1][capacity] = max(value_freeing_weight_for_item + item.
                 value, previous_items_value)
            else: # no room for this item
                table[i + 1][capacity] = previous_items_value
    # figure out solution from table
    solution: List[Item] = []
    capacity = max_capacity
    for i in range(len(items), 0, -1): # work backwards
        # was this item used?
        if table[i - 1][capacity] != table[i][capacity]:
            solution.append(items[i - 1])
            # if the item was used, remove its weight
            capacity -= items[i - 1].weight
    return solution
```

上述函数第一部分的内层循环将执行 $N \times C$ 次，其中 N 是物品数量，C 是背包的最大容纳能力。因此，该算法将执行 $O(N \times C)$次，当物品数量较多时这明显比蛮力法进步很多。例如，对于代码清单 9-3 中的 11 件物品，蛮力法需要检查 2^{11}（2048）种组合。因为这里背包的最大容纳能力是 75 个单位，所以上述动态规划函数将执行 825 次（11×75）。随着物品数量的增加，这种差别将会呈指数级扩大。

下面看一下实际的求解结果，如代码清单 9-3 所示。

代码清单 9-3 knapsack.py（续）

```
if __name__ == "__main__":
    items: List[Item] = [Item("television", 50, 500),
                         Item("candlesticks", 2, 300),
                         Item("stereo", 35, 400),
                         Item("laptop", 3, 1000),
                         Item("food", 15, 50),
```

```
                    Item("clothing", 20, 800),
                    Item("jewelry", 1, 4000),
                    Item("books", 100, 300),
                    Item("printer", 18, 30),
                    Item("refrigerator", 200, 700),
                    Item("painting", 10, 1000)]
    print(knapsack(items, 75))
```

请查看输出到控制台的结果，最优解将是“painting、jewelry、clothing、laptop、stereo 和 candlestick”。下面给出了一些输出的例子，列出了给定容纳能力有限的背包时小偷应该窃取哪些物品才最值钱：

```
[Item(name='painting', weight=10, value=1000), Item(name='jewelry', weight=1, value=4000),
     Item(name='clothing', weight=20, value=800), Item(name='laptop', weight=3,
     value=1000),  Item(name='stereo', weight=35, value=400), Item(name='candlesticks',
     weight=2, value=300)]
```

为了更好地理解该函数的工作原理，下面我们介绍一些它的细节：

```
for i, item in enumerate(items):
    for capacity in range(1, max_capacity + 1):
```

对于每种可能的物品数量，我们都将线性遍历所有容纳能力，直到达到背包的最大容纳能力。请注意，这里是“每种可能的物品数量”，而不是每一件物品。当 i 等于 2 时，它不是代表第 2 件物品，而是代表在每个已搜索的容纳能力以内前两件物品的可能组合。item 是正要被窃取的下一件物品：

```
previous_items_value: float = table[i][capacity]
if capacity >= item.weight: # item fits in knapsack
```

previous_items_value 是正在探索的当前 capacity 以内最后一种物品组合的价值。对于每种可能的物品组合，我们都要考虑是否还有可能加入最“新”的物品。

如果物品的总重量超过了当前背包的容纳能力，我们只需复制当前容纳能力以内的最后一种物品组合的价值：

```
else: # no room for this item
    table[i + 1][capacity] = previous_items_value
```

否则，我们就要考虑在当前容纳能力以内，加入“新”物品能否产生比最后一种物品组合更高的价值。只要将该物品的价值加上表中已算出的价值即可得知，表中已算出的价值是指从当前容纳能力中减去该物品重量后的容纳能力对应的最近一次物品组合的价值。如果总价值高于当前容纳能力下的最后一种物品组合的价值，就将其插入表，否则，就插入最后一种组合的价值：

```
value_freeing_weight_for_item: float = table[i][capacity - item.weight]
# only take if more valuable than previous item
table[i + 1][capacity] = max(value_freeing_weight_for_item + item.value,  previous_
    items_value)
```

至此，建表的工作就完成了。但是，要想真正得到结果中的物品，需要从最高容纳能力值及最终求得的物品组合开始往回找：

```
for i in range(len(items), 0, -1): # work backwards
    # was this item used?
    if table[i - 1][capacity] != table[i][capacity]:
```

我们从最终位置开始，自右到左遍历缓存表，检查插入表的总价值是否有变化。如果有，就意味着在计算某组合时加入了新的物品，因为该组合比前一组合价值高。于是我们把该物品加入解。同时，要从总的容纳能力中减去该物品的重量，可以想象为在表中向上移动：

```
solution.append(items[i - 1])
# if the item was used, remove its weight
capacity -= items[i - 1].weight
```

注意 或许大家已经看到了，在构建表和查找解的过程中，有些迭代器的操作次数多了 1 次，表的大小也多了 1 格。这是为了便于编程。请考虑一下背包问题自底向上的构建过程。一开始我们需要处理容纳能力为 0 的背包。如果从表的底部开始向上工作，那么我们需要额外的行和列的原因就很好理解了。

还有困惑吗？表 9-1 就是由 knapsack() 函数构建的表。之前的问题需要相当大的一张表，所以不妨就看一张 3 斤容纳能力的背包和 3 件物品构成的表：火柴（1 斤）、手电筒（2 斤）和书（1 斤）。假设这些物品的价值分别为 5 美元、10 美元和 15 美元。

表 9-1 3 件物品的背包问题示例

	0 斤	1 斤	2 斤	3 斤
火柴（1 斤、5 美元）	0	5	5	5
手电筒（2 斤、10 美元）	0	5	10	15
书（1 斤、15 美元）	0	15	20	25

从左往右看这张表，要装入背包的重量在不断增加。从上往下看这张表，要装的物品数量在增加。第一行，只尝试装入火柴。第二行，装入背包所能容纳的价值最高的火柴和手电筒的组合。第三行，装入价值最高的 3 种物品的组合。

请试着自行填写一下上述的空白表格吧，采用 `knapsack()` 函数中的算法和以上 3 种物品，就当这是帮助你理解的练习吧。然后用函数尾部的算法从表中取回正确的物品组合。这张表对应的就是函数中的 `table` 变量。

9.2 旅行商问题

旅行商问题（traveling salesman problem）是最经典和最受关注的计算问题之一。推销商必须对地图上的所有城市只访问一次，行程结束时得返回起点城市。每个城市都与其他所有城市直接相连，推销商访问城市的顺序可以任意。请问推销商的行程的最短途径是什么？

旅行商问题可以被认为是一个图问题（参见第 4 章），城市就是顶点，城市之间的连接就是边。正如第 4 章所述，可能大家的第一直觉就是要查找最小生成树。不幸的是，旅行商问题的解决方案并没有这么简单。最小生成树是连通所有城市的最短路径，但它没有提供只访问一次所有城市的最短路径。

虽然看似简单，但没有算法能够快速求解城市数量任意的旅行商问题。“快速”是什么意思呢？它表示旅行商问题是所谓的 NP 困难问题（NP hard problem）。NP 困难问题，即非确定性多项式时间复杂性难题（non-deterministic polynomial hard problem），是指求解此类问题不存在多项式时间内可完成的算法（花费的时间是输入数据量的多项式函数）。随着推销商要访问的城市数量不断增加，求解问题的难度将增长得异常迅速。求解 20 个城市要比求解 10 个城市困难得多。在合理的时间内，（在现有的最强知识条件下）不可能完全（最优）解出数百万计城市的旅行商问题。

> **注意** 旅行商问题的朴素解法（naive approach）的复杂度为 $O(n!)$。原因将在 9.2.2 节讨论。不过在阅读 9.2.2 节之前，建议先看一下 9.2.1 节，因为朴素解法的实现能让其复杂度一目了然。

9.2.1 朴素解法

旅行商问题的朴素解法就是尝试所有可能的城市组合。尝试朴素解法能将该问题的难度呈现出来，说明朴素解法不适合大规模的蛮力求解。

1. 示例数据

在本旅行商问题中，推销商想要访问佛蒙特州（Vermont）的 5 个主要城市。这里不指定起点（也就是终点）城市。图 9-2 显示了 5 个城市及其相互之间的行驶距离。请注意，每一对城市之间的路线上都标上了距离。

或许大家之前已经见过表格形式的行驶距离数据。在行驶距离表中，我们可以轻松找出任意两个城市之间的距离。表 9-2 列出了本问题中 5 个城市间的行驶距离。

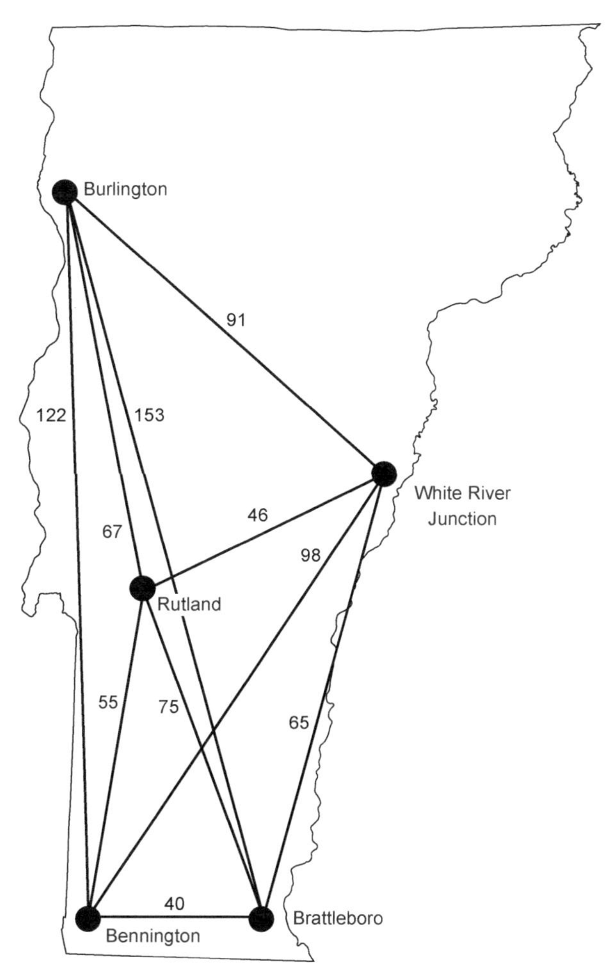

图 9-2 佛蒙特州的 5 个城市及其相互之间的行驶距离

表 9-2 佛蒙特州各城市之间的行驶距离

	Rutland	Burlington	White River Junction	Bennington	Brattleboro
Rutland	0	67	46	55	75
Burlington	67	0	91	122	153
White River Junction	46	91	0	98	65
Bennington	55	122	98	0	40
Brattleboro	75	153	65	40	0

这里需要为各个城市及其相互之间的距离编写数据结构。为了让城市之间的距离便于查找，我们将采用字典的字典，外部键代表一对城市中的第 1 个，内部键代表第 2 个。类型将是

Dict[str, Dict[str, int]]，使其能执行 vt_distances["Rutland"]["Burlington"]之类的检索并应返回 67。具体代码如代码清单 9-4 所示。

代码清单 9-4 tsp.py

```
from typing import Dict, List, Iterable, Tuple
from itertools import permutations

vt_distances: Dict[str, Dict[str, int]] = {
    "Rutland":
       {"Burlington": 67,
        "White River Junction": 46,
        "Bennington": 55,
        "Brattleboro": 75},
    "Burlington":
        {"Rutland": 67,
         "White River Junction": 91,
         "Bennington": 122,
         "Brattleboro": 153},
    "White River Junction":
        {"Rutland": 46,
         "Burlington": 91,
         "Bennington": 98,
         "Brattleboro": 65},
    "Bennington":
        {"Rutland": 55,
         "Burlington": 122,
         "White River Junction": 98,
         "Brattleboro": 40},
    "Brattleboro":
        {"Rutland": 75,
         "Burlington": 153,
         "White River Junction": 65,
         "Bennington": 40}
}
```

2. 查找所有排列

旅行商问题的朴素解法需要生成所有城市每一种可能的排列（permutation）。排列生成算法有许多种，而且都很简单，读者自己一定能想出一种来。

有一种常见的排列生成算法是回溯（backtrack）。我们第一次介绍回溯是在第 3 章，其背景是求解约束满足问题。在求解约束满足问题过程中，当发现不满足问题约束的部分解后会用到回溯。这时将恢复到较早的状态，并沿着不同于出错部分解的路径继续搜索。

为了查找列表内数据项的所有排列方案（例如本例中的城市），我们也可以采用回溯。在交换列表元素进入后续排列方案的路径之后，我们可以回溯到交换之前的状态，以便再做其他的交换以沿着别的路径前进。

幸运的是，轮子没有必要重新发明，排列生成算法不需要重写，因为 Python 标准库在其 `itertools` 模块中包含了 `permutations()` 函数。在代码清单 9-5 中，我们生成了旅行商要访问的佛蒙特州城市的全部排列。因为有 5 个城市，所以就有 5!（5 的阶乘，即 120）个排列值。

代码清单 9-5 tsp.py（续）

```
vt_cities: Iterable[str] = vt_distances.keys()
city_permutations: Iterable[Tuple[str, ...]] = permutations(vt_cities)
```

3. 蛮力搜索法

现在我们可以为城市列表生成全部排列了，但这与旅行商问题的路径不完全相同。还记得吧，在旅行商问题中，推销商最终必须回到起点城市。我们用列表推导式就能轻松地将排列中的第一个城市添加到排列的末尾。具体代码如代码清单 9-6 所示。

代码清单 9-6 tsp.py（续）

```
tsp_paths: List[Tuple[str, ...]] = [c + (c[0],) for c in city_permutations]
```

现在我们可以尝试对已经排列出的路径进行测试了。蛮力搜索法费尽力气地查看路径列表中的每条路径，并用两个城市间距离的查找表（`vt_distances`）计算出每条路径的总距离。然后打印出最短路径及其总距离。具体代码如代码清单 9-7 所示。

代码清单 9-7 tsp.py（续）

```
if __name__ == "__main__":
    best_path: Tuple[str, ...]
    min_distance: int = 99999999999 # arbitrarily high number
    for path in tsp_paths:
        distance: int = 0
        last: str = path[0]
        for next in path[1:]:
            distance += vt_distances[last][next]
```

```
            last = next
        if distance < min_distance:
            min_distance = distance
            best_path = path
    print(f"The shortest path is {best_path} in {min_distance} miles.")
```

现在我们终于可以对佛蒙特州的城市进行蛮力探索了，找出到达全部 5 个城市的最短途径。输出应该类似于如下所示，最佳路径呈现在图 9-3 上。

```
The shortest path is ('Rutland', 'Burlington', 'White River Junction', 'Brattleboro',
  'Bennington', 'Rutland') in 318 miles.
```

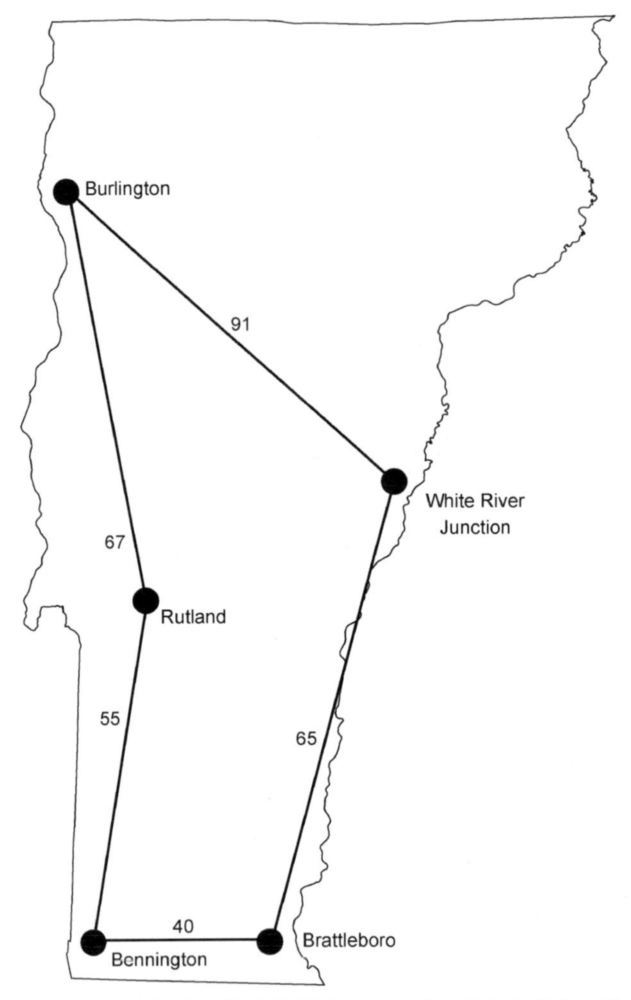

图 9-3 推销商访问佛蒙特州全部 5 个城市的最短路径示意

9.2.2 进阶

对旅行商问题的解答都不轻松。这里的朴素解法很快就会变得不再可行。生成的排列数量是 n 的阶乘（$n!$），其中 n 是问题中的城市数量。只要我们再增加 1 个城市（6 个而不是 5 个），要计算的路径数量就将增加 6 倍。若在此之后再增加 1 个城市，问题难度就会再增加 7 倍。这不是一种可扩展的做法！

在现实世界中，很少会用到旅行商问题的朴素解法。对于包含大量城市的旅行商问题实例，大多数算法都是求出近似解。这些算法尝试求得问题的接近最优（near-optimal）解。接近最优解可能位于围绕完美解的较小可知范围内。例如，它们降低的效率可能不超过 5%。

本书已有两种技术可用于尝试求解大数据集的旅行商问题。本章之前用于背包问题的动态规划就是其中的一种技术。另一种技术则是第 5 章介绍的遗传算法。许多期刊文章已经发表了对于求解包含大量城市的旅行商问题，遗传算法可归于求出接近最优解的解法。

9.3 电话号码助记符

在内置通讯录的智能手机出现之前，电话机数字键盘的每个按键上都带有字母。这些字母是为了提供简单的助记符，以便记住电话号码。在美国，通常数字键 1 上不带字母，2 上是 ABC，3 上是 DEF，4 上是 GHI，5 上是 JKL，6 上是 MNO，7 上是 PQRS，8 上是 TUV，9 上是 WXYZ，0 上不带字母。例如，1-800-MY-APPLE 对应于电话号码 1-800-69-27753。在广告中偶尔还会出现这些助记符，因此键盘上的数字已经带入了现代智能手机应用程序中，如图 9-4 所示。

如何为某个电话号码想出一个新的助记符呢？在 20 世纪 90 年代，有一些流行的共享软件可以帮助完成这项工作。这些软件会生成电话号码各字母的每种排列，并查字典找出排列中包含的单词。然后会向用户显示带有最完整单词的排列。这里将完成问题的上半部分。查字典的部分将会留作习题。

在上述最后一个问题中，在研究排列的生成方式时用到了 `permutations()` 函数，以便生成旅行商问题的可能路径。但正如前所述，生成排列的方法有很多。特别是对本问题而言，我们不会交换现有排列中两个值的位置来生成新的排列，而是会从头开始生成每个排列。与电话号码中每个数字可能匹配的字母都会被检索，并随着后续数字的读入而不断加入更多的可能匹配值。此操作仍然是一种笛卡儿积，Python 标准库的 `itertools` 模块已经包含了这个功能。

首先，我们定义一下数字和可能匹配字母的映射关系，具体代码如代码清单 9-8 所示。

图 9-4 iOS 中的电话应用程序保留了按键上的字母，正如老式的电话那样

代码清单 9-8 tsp.py（续）

```
from typing import Dict, Tuple, Iterable, List
from itertools import product

phone_mapping: Dict[str, Tuple[str, ...]] = {"1": ("1",),
                                             "2": ("a", "b", "c"),
                                             "3": ("d", "e", "f"),
                                             "4": ("g", "h", "i"),
                                             "5": ("j", "k", "l"),
                                             "6": ("m", "n", "o"),
                                             "7": ("p", "q", "r", "s"),
                                             "8": ("t", "u", "v"),
                                             "9": ("w", "x", "y", "z"),
                                             "0": ("0",)}
```

下一个函数将对给定电话号码的每个数字生成所有可能的组合，形成可能的助记符列表。先为电话号码中的每个数字创建可能的字母元组列表，然后通过 `itertools` 模块中的笛卡儿积函数 `product()`来实现。请注意，这里用到了解包运算符`*`，将 `letter_tuples` 中的元组用作 `product()`的参数。具体代码如代码清单 9-9 所示。

代码清单 9-9 tsp.py（续）

```
def possible_mnemonics(phone_number: str) -> Iterable[Tuple[str, ...]]:
    letter_tuples: List[Tuple[str, ...]] = []
    for digit in phone_number:
        letter_tuples.append(phone_mapping.get(digit, (digit,)))
    return product(*letter_tuples)
```

现在可以为某个电话号码找出所有可能的助记符了，具体代码如代码清单 9-10 所示。

代码清单 9-10 tsp.py（续）

```
if __name__ == "__main__":
    phone_number: str = input("Enter a phone number:")
    print("Here are the potential mnemonics:")
    for mnemonic in possible_mnemonics(phone_number):
        print("".join(mnemonic))
```

结果就是电话号码 1440787 也可以写成 1GH0STS。这好记多了。

9.4 现实世界的应用

背包问题采用的动态规划技术适应范围比较广泛，能将貌似很棘手的问题分解成较小的问题，再把多个较小问题的部分解组合在一起形成整体解。背包问题本身与其他一些优化问题有关联，这些问题必须将有限的资源（背包的容纳能力）分配给有限但会耗尽该资源的可选目标集（要窃取的物品）。不妨想象一下，有一所大学需要分配运动经费预算。学校没有足够的资金提供给每个运动队，因此希望每个运动队会引入一些校友捐款。于是就可以求解一个类似背包的问题，以便获得最优的预算分配方案。这类问题在现实世界中十分常见。

旅行商问题是 UPS 和 FedEx 等运输和配送公司的日常事务。包裹快递公司希望司机能以最短的路线行驶。这不仅让司机工作起来更加愉悦，而且还节省了燃料和保养成本。人们都会出门旅行，或为工作或为游玩，在访问多个目的地时找到最优路线可以节省很多资源。但旅行商问题不仅仅是行进路径问题，几乎所有需要单次访问节点的寻路场景都会碰到该问题。假设需要为某社区连通电路，尽管第 4 章的最小生成树可以最小化所需电线的量，但如果每栋房子都必须只与其他房子连接一次，且需组成一个大的回路以便能回到起点位置，则最小生成树算法无法得出电线的最优量，而用旅行商问题就能解决。

对于各种蛮力算法的测试，排列生成技术（类似于旅行商问题和电话号码助记符问题的朴素解法）非常有用。例如，要破解某个短密码，就可以对能够出现在密码中的字符生成所有可能的排列。对于大规模的排列生成任务而言，从业人员会明智地选用类似堆（heap）算法[1]之类的高效排列生成算法。

9.5 习题

1. 用第 4 章的图框架为旅行商问题的朴素解法重新编写代码。
2. 通过实现第 5 章介绍的遗传算法来求解旅行商问题。请从本章的佛蒙特州 5 个城市的简单数据集开始。你能让遗传算法在短时间内达到最优解吗？然后再尝试加入更多的城市。遗传算法还能撑得住吗？你可以在互联网上搜一下，找到专为旅行商问题制作的大型数据集。请为检验解法的效率开发一个测试框架。
3. 在电话号码助记符程序中采用字典，使其仅返回包含字典内单词的字母排列。

---

① 参见 Robert Sedgewick 的 *Permutation Generation Methods*（普林斯顿大学）。

附录 A 术语表

本附录定义了书中部分关键术语。

激活函数（activation function） 在人工神经网络中转换神经元输出的函数，通常是为了提供非线性变换处理能力或保证将输出值限制在一定范围内（第 7 章）。

无环图（acyclic） 没有环路的图（第 4 章）。

可接受的启发（admissible heuristic） A*搜索算法的启发式算法，绝不高估抵达目标的成本（第 2 章）。

人工神经网络（artificial neural network） 用计算工具模拟生物神经网络，以解决那些难以简化为传统算法适用形式的难题。请注意，人工神经网络的操作通常与生物学意义上的神经网络存在明显的差异（第 7 章）。

自动结果缓存（auto-memoization） 在语言层级实现的结果缓存，其中保存着不会有副作用的函数调用结果，以供后续的相同调用时检索（第 1 章）。

反向传播（backpropagation） 一种用来训练神经网络得出权重的技术，基于正确输出已知的一组输入来完成。这里用偏导数计算权重对实际结果与预期结果之误差所承担的“责任”。这些 delta 将用于修正后续训练中的权重（第 7 章）。

回溯（backtracking） 在搜索问题中，碰到障碍后就回到之前的决策点（转向与前一次不同的方向）（第 3 章）。

位串（bit string） 一种数据结构，存储的是 1 和 0 组成的序列，每个序列值用 1 位内存表示。有时也被称作位向量（bit vector）或位数组（bit array）（第 1 章）。

形心（centroid） 聚类的中心点。通常，该点每个维度的值都是其他所有点在此维度的均值（第 6 章）。

染色体（chromosome） 在遗传算法中，种群中的个体被称为染色体（第 5 章）。

聚类簇（cluster） 参见聚类（第6章）。

聚类（clustering） 一种无监督学习技术，将一个数据集划分为由相关点构成的多个小组，这些小组被称作聚类簇（第6章）。

密码子（codon） 组成氨基酸的3种核苷酸的组合（第2章）。

压缩（compression） 对数据进行编码（改变格式）以减少占用空间（第1章）。

连通（connected） 图的一种属性，表明任一顶点都存在到其他任何顶点的路径（第4章）。

约束（constraint） 为解决约束满足问题而必须满足的条件（第3章）。

交换（crossover） 在遗传算法中，将种群中的个体组合在一起创造出后代，这些后代是其父母的混合体，并将组成下一代种群（第5章）。

CSV 一种文本交换格式，每行数据中的值以逗号分隔，行与行之间通常由换行符分隔。CSV的意思是逗号分隔的值（comma-separated value）。CSV是从电子表格和数据库中导出的数据的常见格式（第7章）。

环（cycle） 图的路径，在没有回溯的情况下同一个顶点会被访问两次（第4章）。

解压缩（decompression） 压缩过程的逆操作，将数据恢复为原格式（第1章）。

深度学习（deep learning） 一句流行语，任何一种用高级机器学习算法分析大数据的技术都可被认为是深度学习。最常见的深度学习是用多层人工神经网络求解大数据集应用问题（第7章）。

delta 表示神经网络中权重的预期值与实际值之间的差距的一个值。预期值由数据的训练和反向传播进行确定（第7章）。

有向图（digraph） 参见有向图（directed graph）（第4章）。

有向图（directed graph） 也称作digraph，有向图的边只能朝一个方向遍历（第4章）。

值域（domain） 约束满足问题中变量的可能取值范围（第3章）。

动态规划（dynamic programming） 动态规划不采用蛮力法直接解决大型问题，而是把大型问题分解为更可控的小型子问题（第9章）。

边（edge） 图中两个顶点（节点）之间的连接（第4章）。

异或（exclusive or） 参见XOR（第1章）。

前馈（feed-forward） 一种神经网络，信号在其中朝一个方向传播（第7章）。

适应度函数（fitness function） 一种评分函数，对问题可能的解进行效果评价（第5章）。

代（generation） 遗传算法中的一轮计算，也用于表示一轮计算过程中受激活个体组成的种群（第5章）。

遗传编程（genetic programming） 运用选择、交换和变异操作符进行自我修改的程序，以便求解解法不明显的编程问题（第 5 章）。

梯度下降（gradient descent） 用反向传播时计算出来的 delta 和学习率，修改人工神经网络权重的方法（第 7 章）。

图（graph） 一种抽象的数学结构，通过将问题划分为一组相互连通的节点来对现实世界的问题进行建模。这些节点被称为顶点，顶点间的连接被称为边（第 4 章）。

贪婪算法（greedy algorithm） 一种在任一决策点都选择最优直接选项的算法，以期能导出全局的最优解（第 4 章）。

启发式算法（heuristic） 一种关于问题求解路径的直觉，认为该路径指向正确的方向（第 2 章）。

隐藏层（hidden layer） 在前馈人工神经网络中，所有位于输入层和输出层之间的层（第 7 章）。

无限循环（infinite loop） 不会终止的循环（第 1 章）。

无限递归（infinite recursion） 不会终止的递归调用，而是持续发起新的递归调用。这类似于无限循环。通常是因为缺少基线条件引起的（第 1 章）。

输入层（input layer） 前馈人工神经网络的第一层，接收来自某种外部实体的输入（第 7 章）。

学习率（learning rate） 通常是一个常数，用于根据计算得出的 delta 调整人工神经网络权重的修改率（第 7 章）。

结果缓存（memoization） 一种将计算任务的结果保存起来的技术，以供后续从内存中读取，从而节省为重新生成相同结果而额外耗费的计算时间（第 1 章）。

最小生成树（minimum spanning tree） 连接所有顶点的生成树，使得所有边的总权重最低（第 4 章）。

变异（mutate） 在遗传算法中，当个体被放入下一代种群之前随机改变该个体的某些属性（第 5 章）。

自然选择（natural selection） 生物优胜劣汰的进化过程。给定有限的环境资源，最善于利用这些资源的生物将会存活并繁衍。经过几代之后，就会让有利的特征在种群中扩散，由此环境约束就做出了自然选择（第 5 章）。

神经网络（neural network） 由多个神经元构成的网络，神经元相互协同进行信息处理。这些神经元通常视作分层组织（第 7 章）。

神经元（neuron） 神经细胞个体，正如人类大脑中的神经细胞（第 7 章）。

归一化（normalization） 让不同类型的数据具有可比性的过程（第 6 章）。

NP 困难问题（NP-hard problem） 一类没有已知的多项式时间算法能够求解的问题（第 9 章）。

核苷酸（nucleotide） DNA 的 4 种碱基（腺嘌呤（A）、胞嘧啶（C）、鸟嘌呤（G）和胸腺嘧啶（T）之一的实例（第2章）。

输出层（output layer） 前馈人工神经网络中的最后一层，用于对给定输入和问题确定神经网络的求解结果（第7章）。

路径（path） 连接图中两个顶点的边的集合（第4章）。

层（ply） 在双人游戏中的一个回合（通常可被视为一步）（第8章）。

种群（population） 在遗传算法中，种群是多个个体的集合（每个种群都代表问题可能的解），这些个体相互竞争以期求解问题（第5章）。

优先队列（priority queue） 基于“优先级”顺序弹出数据项的数据结构。例如，为了首先响应最高优先级的电话，优先队列可以与紧急电话数据集一起使用（第2章）。

队列（queue） 一种抽象数据结构，保证先进先出（First-In-First-Out，FIFO）的顺序。队列的实现代码至少应提供压入操作和弹出操作，分别用于添加和移除元素（第2章）。

递归函数（recursive function） 调用自己的函数（第1章）。

选择（selection） 在遗传算法的一代运算中，为了繁殖而选择个体的过程，以创造下一代中的个体（第5章）。

sigmoid函数（sigmoid function） 流行的激活函数之一，用于人工神经网络。名为sigmoid的函数始终会返回介于0到1之间的值。它还有助于确保神经网络能把超出线性变换的结果表示出来（第7章）。

SIMD指令（SIMD instruction） 为向量计算做过优化的微处理器指令，有时也称为向量指令。SIMD代表单指令多数据（single instruction，multiple data）（第7章）。

生成树（spanning tree） 连接图中每个顶点的树（第4章）。

栈（stack） 一种抽象数据结构，保证后进先出的顺序（Last-In-First-Out，LIFO）。栈的实现代码至少应提供压入操作和弹出操作，分别用于添加和移除元素（第2章）。

监督学习（supervised learning） 机器学习技术中的算法或多或少需要外部资源的指导才能得出正确解（第7章）。

突触（synapse） 神经元之间的间隙，神经递质充斥其中用以传导电流。用非专业的话说，这些就是神经元之间的连接（第7章）。

训练（training） 人工神经网络在训练阶段利用反向传播调整权重，用到的是某些给定输入的已知正确输出（第7章）。

树（tree） 任意两个顶点之间只有一条路径的图。树是无环（acyclic）图（第4章）。

无监督学习（unsupervised learning） 不用先验知识（foreknowledge）即可得出结论的机器学习技术，换句话说，这种技术无须指导而是自行运行（第6章）。

变量（variable） 在约束满足问题的上下文中，变量是必须作为解的一部分并求出的参数。变量的可能取值范围即为值域（domain）。解必须满足一条或多条约束条件（第 3 章）。

顶点（vertex） 图的一个节点（第 4 章）。

XOR 一种逻辑位操作，只要有一个操作数为 true 就返回 true，但两个操作数都为 true 或都不为 true 时则返回 false。此缩写表示异或。在 Python 语言中，用运算符“^”表示 XOR（第 1 章）。

z 分数（z-score） 数据点与数据集均值之间的距离，以标准差为计数单位（第 6 章）。

附录B 其他资料

接下来该做什么？本书涵盖的主题十分广泛，本附录将介绍一些优秀的资源，方便大家作进一步的探索。

B.1 Python

正如引言所述，本书假定读者至少已具备 Python 语言的中级知识。下面列出的是我个人用过的两本 Python 书，并建议读者将 Python 知识升级。这两本书的主题对 Python 初学者并不适合，但真的可以将 Python 的中级用户变成高级用户。（初学者请阅读 Naomi Ceder 的《Python 快速入门（第 3 版）》（*The Quick Python Book, Third Edition*）（Manning，2018）。）

- Luciano Ramalho 的《流畅的 Python》（*Fluent Python: Clear, Concise, and Effective Programming*）（O'Reilly，2015）。
  - 唯一一本没有横跨初学者和中高级用户的流行的 Python 语言书，该书明显面向的是中高级程序员。
  - 涵盖了大量的 Python 高级主题。
  - 讲授最佳实践，教授编写 Python 风格的（Pythonic）代码。
  - 每个主题都包含了大量代码示例，并解释了 Python 标准库的内部工作机制。
  - 有些部分可能有点儿冗长，但不妨轻松跳过。
- David Beazley 和 Brian K. Jones 的《Python Cookbook（第 3 版）》（O'Reilly，2013）。
  - 通过示例讲授常见的日常编程任务。
  - 有一些远超初学者能力的任务。
  - 充分利用了 Python 标准库。

- 由于是几年前出版的书，稍有点儿过时（未包含最新的标准库工具），希望第 4 版能尽快出版。

B.2 算法和数据结构

引用一下本书的引言部分："这不是一本数据结构和算法的教材"。本书很少用到大 O 表示法，也没有数学定理的证明。本书更像是重要编程技术的实践教程，因此同时再拥有一本真正的教材是很有意义的。教材不但会提供为什么某些技术会生效的更正式的解释，而且还能作为有用的参考书。虽然在线资源也很不错，但有时候拥有由学术界和出版社精心审校过的资料是一件好事情。

- Thomas Cormen、Charles Leiserson、Ronald Rivest 和 Clifford Stein 的《算法导论（第 3 版）》（*Introduction to Algorithms*，*Third Edition*）（MIT Press，2009）。
    - 这是计算机科学领域引用次数最多的教材之一，它太权威了，以至于常用作者的首字母 CLRS 来指代。
    - 内容全面且严谨。
    - 教学风格有时会被认为不如其他教材平易近人，但仍是一本优秀的参考书。
    - 对于大部分算法都给出了伪代码。
    - 第 4 版正在编写中，因为这本书价格很贵，所以关注一下第 4 版的出版时间或许会更加划算。
- Robert Sedgewick 和 Kevin Wayne 的《算法（第 4 版）》（*Algorithms*，*Fourth Edition*）（Addison-Wesley Professional，2011）。
    - 全面而又平易近人地介绍了算法和数据结构。
    - 编排合理，所有算法都带有 Java 完整示例。
    - 在大学的算法课中比较流行。
- Steven Skiena 的《算法设计指南（第 2 版）》（*The Algorithm Design Manual*，*Second Edition*）（Springer，2011）。
    - 编著方式不同于本学科的其他教材。
    - 给出的代码较少，但对每个算法的合理用法展开了更多讨论。
    - 为大量算法给出了角色扮演指南。
- Aditya Bhargava 的《算法图解》（*Grokking Algorithms*）（Manning，2016）。
    - 以图形化的方式讲授基本算法，辅以可爱的漫画。
    - 不是参考教材，而是首次学习一些基础主题的指南。

B.3　人工智能

人工智能正在改变世界。本书不仅引入了一些传统的人工智能搜索技术，如 A*算法和极小化极大算法，还介绍了激动人心的人工智能分支学科——机器学习，如 *k* 均值聚类和神经网络。多了解一些人工智能不仅很有意思，还能让你为下一波计算技术浪潮做好准备。

- Stuart Russell 和 Peter Norvig 的《人工智能：一种现代的方法（第 3 版）》（*Artificial Intelligence: A Modern Approach*，*Third Edition*）（Pearson，2010）。
  - 关于 AI 的权威教材，常用于大学课程。
  - 涉及面广。
  - 可在线获取优秀的源代码库（书中伪代码的实现版本）。
- Stephen Lucci 和 Danny Kopec 的《人工智能（第 2 版）》（*Artificial Intelligence in the 21st Century*，*Second Edition*）（Mercury Learning and Information，2015）。
  - 若要寻求比 Russell 和 Norvig 的书更接地气和更多彩的指南，这便是一本平易近人的教材。
  - 包含了一些从业人员有趣的小插曲，以及很多真实的应用。
- Andrew Ng 的机器学习课程（斯坦福大学）。
  - 免费的在线课程，涵盖了许多基础的机器学习算法。
  - 由世界知名专家讲授。
  - 常作为该领域优秀的入门资料而被从业人员提及。

B.4　函数式编程

Python 可以实现函数式编程，但它真不是为此而设计的。若对 Python 进行一下深入研究，确实可以用它实现函数式编程，但若采用纯粹的函数式语言编程，然后将从中学到的一些理念带回到 Python，那也会是大有裨益的。

- Harold Abelson、Gerald Jay Sussman 和 Julie Sussman 的《计算机程序的构造和解释（第 2 版）》（*Structure and Interpretation of Computer Programs*，*Second Edition*）（MIT Press，1996）。
  - 函数式编程的经典介绍，常用于大学计算机科学课的入门教材。
  - 用 Scheme 语言讲授，这是一种易于掌握的纯函数式语言。
  - 免费提供在线版本。

- Aslam Khan 的 *Grokking Functional Programming*（Manning，2018）。
  - 对函数式编程做了图形化、易于理解的介绍。
- David Mertz 的 *Functional Programming in Python*（O'Reilly，2015）。
  - 对 Python 标准库中的一些函数式编程工具做了简介。
  - 免费。
  - 只有 37 页——不很全面，仅供入门。

B.5 实用的机器学习开源项目

有几个实用的第三方 Python 库针对高性能机器学习进行了优化，其中有几个项目在第 7 章已有提及。这些项目提供了很多特性和实用工具，其数量远超读者能够自行开发的数量。对严谨的机器学习或大数据应用程序来说，应该运用这些库（或其等价库）。

- NumPy：
  - 事实上的标准 Python 数学库；
  - 为了实现高性能，主要以 C 语言实现；
  - 是很多 Python 机器学习库（包括 TensorFlow 和 scikit-learn）的底层基础。
- TensorFlow：最流行的神经网络 Python 库之一。
- pandas：将数据集导入 Python 并对其进行操作的流行库。
- scikit-learn：本书讲解的几种机器学习算法的经充分测试和全功能的版本（远不止这些）。

附录 C　类型提示简介

通过 PEP 484 和 Python 3.5，Python 将类型提示（type hint）或类型注解（type annotation）引入为语言的官方构成。从此，类型提示在很多 Python 代码库中日益普及，并且 Python 语言已为其加入了更有力的支撑。本书的每段源代码清单都用到了类型提示。在这个简短的附录中，我们将会介绍类型提示，解释它为什么有用以及它存在的一些问题，并提供更深入的资源。

警告　本附录并不求全，只是简要的入门而已。要获得详细信息请参阅 Python 官方文档。

C.1　什么是类型提示

类型提示是 Python 中的一种注释方式，注释了变量、函数参数和函数返回值的预期类型。换句话说，用这种注释方式，程序员可以标明 Python 程序的某个部分中的预期类型。大多数 Python 程序都不带类型提示。事实上，在阅读本书之前，即便是中级 Python 程序员也很有可能从未见过带有类型提示的 Python 程序。

因为 Python 不需要程序员指定变量的类型，所以要为不带类型提示的变量找出类型的唯一方法就是仔细查看（逐字阅读之前的源代码或运行一下打印出类型）或注释文档。这是有问题的，因为这让 Python 代码更难读懂（尽管有些人会表示反对，本附录后续将会讨论）。另一个问题是 Python 十分灵活，因此允许程序员用同一个变量指向多个不同类型的对象，这就可能导致出错。类型提示有助于防止这种风格的编程并减少这些错误。

现在 Python 具备了类型提示能力，我们将其称为渐类型化（gradually typed）的语言，这意味着类型提示可以在必要时使用，但不是必须使用的。尽管大家可能会觉得类型提示从根本上改变了语言外观而抵触它，但在本附录的简短介绍中，我仍然希望能说服读者提供类型提示是一件好事情，应该在代码中善加利用。

C.2 类型提示的格式

类型提示应该添加到声明变量或函数的代码行中。变量或函数参数的类型提示用冒号“:”开始，函数返回值的类型提示用箭头“->”开始。例如，考虑以下 Python 代码行：

```
def repeat(item, times):
```

如果不阅读函数的定义，你能说出这个函数要完成什么功能吗？要把某个字符串打印指定次？还是别的什么功能？当然，通过阅读函数定义可以弄清楚它的功能，但会耗费更多的时间。遗憾的是，该函数的作者没有提供任何注释文档。下面用类型提示再来试一遍：

```
def repeat(item: Any, times: int) -> List[Any]:
```

这样就清楚多了。只看类型提示就能明白，该函数以 Any 类型的 item 为参数，并会返回一个填入了 times 个 item 的 List。当然，注释文档仍然有助于让该函数更易于理解，但至少使用该库的用户现在知道了该提供什么类型的值给它，以及它应该返回什么类型的值。

假定该函数要用的库只支持浮点数，并且该函数将用于设置供其他函数使用的列表。要修改类型提示十分简单，只要标明这种浮点数约束即可：

```
def repeat(item: float, times: int) -> List[float]:
```

现在很清楚了，item 必须是 float 类型，返回的列表将填入 float 类型的值。是的，“必须”这个词着实强硬。直到 Python 3.7 为止，类型提示还不会影响 Python 程序的运行。它还真的只是提示而非必须。在运行的时候，Python 程序可以完全忽略其类型提示，打破其预设的所有约束。不过在开发阶段，类型检查工具可以对程序中的类型提示进行测评，并告诉程序员是否存在函数的违规调用。在程序上线投产以前，调用 repeat("hello", 30)就能被发现（因为"hello"不是 float 类型）。

下面再来看一个例子。这次我们将检查变量声明中的类型提示：

```
myStrs: List[str] = repeat(4.2, 2)
```

上述类型提示没有意义。它标注了 myStrs 应该是一个字符串列表。但我们从之前的类型提示可以得知，repeat()返回的是一个浮点数列表。因为直至 3.7 版，Python 在运行期间尚不会验证类型提示的正确性，这种错误的类型提示对程序的运行不会有任何影响。当然无论是程序员的差错还是对类型的误解，在它酿成大祸之前，类型检查程序都可以将其捕获。

C.3 为什么类型提示很有用

既然知道了类型提示是什么，大家可能就想知道造成这么多麻烦为什么值得。毕竟，大家也都知道了 Python 在运行时会忽略类型提示。如果 Python 解释器都不在意，为什么还要耗费这么多时间在代码中添加类型提示呢？正如以上所述，类型提示是一件好事情，主要原因有两个：能让代码自文档化（self-documenting）；允许类型检查工具在程序运行之前对程序的正确性进行验证。

在大多数具备静态类型的编程语言（如 Java 或 Haskell）中，必备的类型声明语句能够清晰表达出函数（或方法）应有的参数及应该返回的类型。这为程序员减轻了一些编写文档的负担。例如，以下 Java 方法应有的参数或返回类型完全没有必要加以说明：

```
/* Eats the world, returning the amount of money generated as refuse. */
public float eatWorld(World w, Software s) { … }
```

与需要编写文档的 Python 等效方法比较一下，这里是指不带类型提示的传统写法：

```
# Eat the world
# Parameters:
# w - the World to eat
# s - the Software to eat the World with
# Returns:
# The amount of money generated by eating the world as a float def eat_world(w, s):
```

通过提供代码自文档化的能力，类型提示使得 Python 代码文档的简洁程度能够媲美静态类型语言：

```
# Eat the world, returning the amount of money generated as refuse.
def eat_world(w: World, s: Software) -> float:
```

考虑一个极端情况。假设我们继承了一个不带任何注释的代码库。带或不带类型提示，采用哪种更容易理解这个没有注释的代码库呢？有了类型提示，就不必深入研究无注释函数的实际代码，从而能了解传入参数的类型及函数应返回的类型。

请记住，类型提示本质上是一种说明方式，它标注出程序在某个时刻应有的类型。然而，Python 对这种期许不会做任何验证，而这正是类型检查工具的用武之地。类型检查工具可以读取带有类型提示的 Python 源代码文件，并验证类型提示在程序运行时是否真的有效。

Python 的类型提示有多种不同的类型检查工具。例如，PyCharm 是一种流行的 Python IDE，其内置了一个类型检查工具。如果在 PyCharm 中编辑带有类型提示的程序，它就会自动标出类型错误。这将有助于在函数编写完成之前就能发现错误。

在撰写本书时，mypy 是首屈一指的 Python 类型检查工具。mypy 项目的带头人是 Guido van Rossum，他同时也是 Python 本身的创造者。由此，未来 Python 中类型提示将扮演突出的角色，对于这一点你还有疑问吗？mypy 安装完毕后，运行它很简单，即 `mypy example.py`，其中 `example.py` 是待类型检查的文件名。mypy 会在控制台上显示程序中的所有类型错误，没有错误就什么都不显示。

将来类型提示可能还会有其他用途。目前类型提示不会影响 Python 程序的运行性能。最后再重申一次，在运行时类型提示会被忽略。但未来的 Python 版本可能会利用类型提示中的类型信息执行程序优化。那时你或许只需添加类型提示，就能加速 Python 程序的运行了。当然，这纯粹只是猜测。据我所知，Python 目前并没有基于类型提示实现优化的计划。

C.4 类型提示的缺点是什么

用类型提示有 3 个缺点：

- 带有类型提示的代码需要更长的编写时间；
- 某些情况下，类型提示无疑会降低代码的可读性；
- 类型提示机制尚未完全成熟，用目前的 Python 实现某些类型约束可能会令人困惑。

带有类型提示的代码需要更长的时间进行编写，原因有两个：只是多打了几个字（在键盘上多敲了几个键），就得对代码做更多的解释；多解释一下代码总是件好事情，但额外的解释会减缓程序运行速度。不过，通过在运行程序之前用类型检查工具发现错误来弥补失去的时间还是有希望的。为了调试可被类型检查工具捕获的错误而耗费的时间，可能会多于使用复杂代码库编码时解释类型的时间。

有些人觉得，带有类型提示的 Python 代码的可读性变低了。造成这种情况原因可能有两个：不熟悉和啰唆。对于第一个问题（即不熟悉），任何陌生语法的可读性都会不如熟悉的语法。类型提示确实会改变 Python 程序的外观，起初可能会让人感到陌生。这只能通过多读多看并多写带有类型提示的 Python 代码来缓解。对于第二个问题（即啰唆），这一点更为要紧一些。Python 因语法简洁而闻名。通常同样的程序用 Python 编写明显要比其他语言简短。而具有类型提示的 Python 代码就没有那么短小了，人眼看起来就没那么快了，毕竟代码中多了很多东西。虽然阅读时间增加了，但换来的是第一遍阅读后对代码的理解能更充分一些。有了类型提示，你就能立即知晓所有应有的类型，这比必须查看代码来了解类型或必须阅读文档更具优势。

类型提示仍在不断变化当中。自从首次于 Python 3.5 引入以来，类型提示已有了明显的进步，但其不擅长的边界情况（edge case）仍然存在。第 2 章中就有这方面的例子。`Protocol` 类型通常是类型系统中的重要组成部分，在 Python 标准库的 `typing` 模块中却尚未包含，因此第 2 章中必须包含第三方的 `typing_extensions` 模块。在将来的官方 Python 标准库中有计划纳入 `Protocol`，但目前尚未包含的事实证明 Python 类型提示仍处于早期阶段。基于标准库的可用现状，在本书的编写过程中，我遇到过几次令人困惑的边界情况。因为 Python 不是必须要有类型提示，所以当前阶段在不适合使用类型提示的场合只管不用即可。使用一定程度的类型提示仍然可以获得一些好处。

C.5 更多内容

虽然本书的每一章都有类型提示的示例，但这不是类型提示的使用教程。使用类型提示的最佳起点是 Python 的 `typing` 模块的官方文档。文档中不仅解释了可用的全部内置类型，还介绍了在几个高级场景中的用法，这已超出本书的范畴。

另外，你还应该查阅一下另一个类型提示资源，即 mypy 项目。mypy 是业界领先的 Python 类型检查工具。换句话说，它是一个用来对类型提示的有效性加以实际验证的软件。除安装并使用它之外，你还应该查阅一下 mypy 的文档。文档的内容很丰富，解释了某些在标准库文档中没有记载的场景中如何使用类型提示。例如，有一个特别令人困惑的领域就是泛型。mypy 的泛型文档就是一个很好的起点。另一个不错的资源是 mypy 发布的“类型提示速查表”（type hints cheat sheet）。